Birgit Helbig

Mein Garten wird ein Naturgarten

Birgit Helbig

Mein Garten wird ein Naturgarten

Lebensraum für Menschen,
Pflanzen und Tiere gestalten

Gleich loslegen mit vielen Profi-Tipps

pala verlag

Dank

Mein besonderer Dank gilt dem Naturgarten e.V. und der Naturgartenakademie. Namentlich Dr. Reinhard Witt und Dorothee Dernbach haben mir dort maßgeblich den Weg gezeigt, den ich seither nach bestem Wissen und Gewissen beschreite. Die Gemeinschaft und das Netzwerk des Naturgarten e. V. und seiner Naturgarten-Fachbetriebe wurden mir zu einer zweiten Familie und einem schier unerschöpflichen Quell der Inspiration. Dem Team des pala-verlages danke ich für die überaus wertschätzende Zusammenarbeit.

Ganz besonders danke ich aber meinen lieben Kunden und Kundinnen, die mich ihre Gärten erst (um-)bauen und dann bereitwillig fotografieren ließen, damit die Fotos als Inspiration und Anregung für andere dienen können.

Inhalt

Zu Beginn – ein paar Gedanken

Natur

Sie schafft ewig neue Gestalten;
was da ist, war noch nie, was war, kommt nicht wieder –
Alles ist neu und doch immer das Alte.
Wir wirken beständig auf sie und haben doch keine Gewalt über sie.
Es ist ein ewiges Leben, Werden und Bewegen in ihr.
Sie verwandelt sich ewig.

Johann Wolfgang von Goethe
Fragment aus dem Tiefurter Journal 1783

Treffender als der große Naturfreund Goethe kann man die Einleitung für ein Buch über das Abenteuer »Naturgarten« kaum formulieren.

Wie die Natur selbst ist ein Naturgarten immer in Bewegung, im ständigen Wandel. Wir wirken auf ihn ein, säen, pflanzen und pflegen – doch letztlich ist die Natur selbst die größte Gestalterin und lässt uns täglich über ihre kleinen und großen Wunder staunen.

Welch ein Geschenk es doch ist, einen Naturgarten zu haben: an einem lauen Frühlingstag nur kurz vor die Haustüre gehen und die ersten Schmetterlinge beobachten, wie sie durch die Luft gaukeln, dem Gesang der Stare lauschen, das emsige Treiben der Sperlinge beim Nestbau bewundern, Teichfrösche und Molche beobachten, die sich in Paarungstracht im Teich tummeln. Daneben die Mauerbienenmännchen, die, ungeduldig auf die Weibchen wartend, umherschwirren. Blühende Wiesenprimel, Küchenschelle und Lungenkraut bieten ihnen Nahrung und erfreuen uns zusammen mit der frühlingshaften Blütenfülle unserer heimischen Gehölze, wie Vogelkirsche oder Felsenbirne. Jeden Tag gibt es neue Attraktionen, jeden Tag verändert sich der Garten im Lauf der Jahreszeiten, immer gibt es Neues zu entdecken – und all das ohne das eigene Grundstück zu verlassen.

Sitzend auf der Terrasse beobachten wir das Treiben, sammeln einige frische Kräuter aus der Wiese für das Butterbrot ... Die Kinder erleben hier mit allen Sinnen forschend die Vielfalt des uns umgebenden Lebens, unsere gestressten Seelen erholen sich nach einem anstrengenden Arbeitstag.

Ein Ort zum Verweilen und Träumen

Natur harmonisiert den Geist und tut dem Körper gut

Dass uns die Natur gut tut, haben zahlreiche Studien gezeigt. Sie erdet und entschleunigt uns im Wortsinn. Unser Puls verlangsamt sich messbar in harmonischer Naturumgebung. Ja, es macht glücklich, in den Mikrokosmos des Gartens einzutauchen und auf Safari zu gehen. Als stiller Beobachter, stille Beobachterin selbst ein Teil der kleinen, heilen Welt zu werden, die man erschaffen hat.

Vielfältig strukturierte, naturnahe Landschaftsbilder werden vom allergrößten Teil der Menschen als besonders einladend und schön empfunden. Gerade so wie ein Naturgarten. Allein schon das wären doch bereits genug Argumente ...

Genauso wichtig ist die Tatsache, dass wir damit einen ungemein wertvollen Beitrag leisten: Das große Sterben in unseren Kulturlandschaften schreitet

Raumbildung: Vorbild Alpental und das gestaltete Zitat im Naturgarten

unerbittlich voran, solange wirtschaftliche Erträge und Gewinnmaximierung über nachhaltige und naturgemäße Landnutzung dominieren. Unser Garten aber muss keinen Gewinn, außer für unsere Seele, abwerfen. Er muss keine Kampfzone sein, um die bedrohliche »Wildnis« zu zähmen, oder ein Abstandsraum, den es besenrein zu halten gilt. Anstatt die Natur zu beherrschen, freunden wir uns mit ihr an, beobachten sie und versuchen, sie zu verstehen. Je besser uns das gelingt, desto mehr Freude werden wir aneinander haben.

So ist unser Garten im besten Fall eine Oase, unser Mikrokosmos, eine Arche für viele Arten, die »draußen« keinen Platz mehr finden. Und ist der Raum noch so klein, jeder Quadratmeter zählt! Als Mosaiksteinchen in einem großen Puzzle, das übergreifend hoffentlich so lange (Über-)Lebensmöglichkeiten für bedrohte Tiere und Pflanzen bietet, bis naturgerechtes Wirtschaften endlich (wieder) selbstverständlich wird und unserer heimischen Flora und Fauna eine gesicherte Zukunft ermöglicht.

Eigentlich ist es ganz einfach

Jeder Naturgarten kann ein kleines Naturschutzgebiet sein, wenn wir einige grundlegende Dinge beachten. Das Wichtigste dabei ist – neben dem konsequenten Verzicht auf Pestizide und sonstige Chemie – die Verwendung von heimischen Pflanzen in ihrer unverfälschten Wildform. Diese Pflanzen, die zum Teil seit Jahrtausenden zu unserer Natur gehören, sind die Basis allen tierischen Lebens, das sich in einer genialen Koevolution gemeinsam mit ihnen entwickelt hat. Wer also etwas gegen das Insektensterben tun möchte, pflanzt einheimische Arten. Wie zum Beispiel den Natternkopf, um Wildbienen wie die Natternkopf-Mauerbiene zu unterstützen. Sie kann mit einer Sonnenblume aus Nordamerika oder einer anderen Pflanze aus fernen Teilen der Welt nämlich nichts anfangen. Doch davon an anderer Stelle mehr ...

Und wenn der Anfang noch so zaghaft ist: Es lohnt sich!

Lassen Sie sich nicht entmutigen. Es muss nicht gleich alles perfekt sein. Nicht jede fremdländische Pflanze muss unbedingt und sofort ausgerissen werden ... auch in kleinen, tastenden Schritten gelangt man ans Ziel. Sie geben das Tempo vor, die Natur wird folgen.

Artenreich und pflegeleicht

Naturgärten haben viele Vorzüge: Sie sind nicht nur schön, artenreich und inspirierend – sie sind, nach der etwas arbeitsaufwendigeren Etablierungsphase, auch noch pflegeleicht. Pflegeleicht ... dieses Wort muss oft für die schlimmsten Verirrungen der Gartengestaltung herhalten. Kiesgärten sollen pflegeleicht sein. Sterile, blütenlose Rasenflächen mit Mähroboter – pflegeleicht. Immergrüne Hecken- oder Bodendecker-Wüsten und rund um einsame Exoten-Stauden aufgeschüttete Rindenmulch-Berge – alles vermeintlich pflegeleicht. Der letzte Schrei: pflegeleichter Kunstrasen!

In der Realität entpuppen sich solche Flächen oft als ewige Kampfzonen, zum Beispiel die bei manchen Menschen beliebten Schotter-»Gärten«. Da wird jeder eingeflogene Löwenzahnsamen schnell zum ästhetischen Super-GAU, dem mit gnadenloser Verfolgung mittels Hochdruckreiniger, Chemie oder Gasbrenner begegnet wird.

In vielen Kommunen werden solche »Garten«-Neuanlagen bereits geächtet – und trotzdem werden täglich neue gebaut. Und zu allem Überfluss werden Kirschlorbeer, Rollrasen und Co. einerseits permanent gehätschelt, gewässert und für besseres Wachstum gedüngt, um dann andererseits – wenn sie pflichtschuldigst wachsen – postwendend mit einem kostspieligen Arsenal an Mäh-, Schneide- und Häckseltechnik wieder aufs gewünschte Format zurückgestutzt zu werden.

Ganz anders der Naturgarten.

Dynamik und Veränderung – der Garten lebt

Im gestalteten Naturgarten sind die Dynamik, das Wachstum, die Veränderung im Lauf der Jahreszeiten, aber auch der Alterungsprozess mit den vergehenden Jahren ein wichtiger Teil des Gesamtkonzeptes. Ganz so, wie es Goethe beschrieben hat: Eingegriffen wird regulierend, um eine möglichst große Artenvielfalt zu erhalten. Gegossen wird im Normalfall nur in der Anwachsphase der ersten zwei Jahre oder bei Nachpflanzungen.

Zweijährige Arten, wie Natternkopf und Königskerze, »wandern« gerne im Garten herum

Denn eines muss klar sein: Pflegeleicht bedeutet nicht, die Hände in den Schoß zu legen und ausschließlich den Pflanzen beim Wachsen zuzusehen. Ein paar Arbeiten gibt es auch im Naturgarten zu tun – aber deutlich entspannter als im herkömmlichen Ziergarten.

Heimische Pflanzen werden standortgerecht auf abgestimmten Substraten nach dem Vorbild der Natur zusammengestellt, sodass sie nach dem Einwachsen oft jahrzehntelang ohne übermäßige Unterstützung des Gärtners funktionierende Lebensräume bilden. Durch ihre Entwicklungsgeschichte sind sie an unsere klimatischen Gegebenheiten (und auch Wetterkapriolen, die uns die Klimakrise immer häufiger beschert) bestmöglich angepasst. Sie erhalten sich durch Selbstaussaat und bilden ein ökologisches Netzwerk, das sich gegenseitig stützt. Viele Wildstauden – vor allem die der besonders attraktiv blühenden Magerstandorte – halten erstaunlich viel Trockenheit aus. Und sollten sie doch einmal verdorren, gelingt es ihnen, sich aus dem Wurzelwerk oder über ihre Aussaat wieder selbst zu regenerieren. Durch die große Vielfalt wird sich immer eine Art finden, die die Lücke schließt. Das ist manchmal gewöhnungsbedürftig, aber dafür wirklich nachhaltig und pflegeleicht!

Bilder links: Dynamik in der Entwicklung:
im ersten Sommer nach der Neuanlage (links) und im Herbst nach zwei Jahren (rechts)

Die Ästhetik und Harmonie eines naturnah gestalteten Gartens entstehen einerseits durch die Vielfalt an Pflanzen in unterschiedlichsten Wuchs- und Blühformen, aber auch in der besonderen Art und Weise, mit der Räume strukturiert werden. Durch Modellierungen, gebaute Strukturen wie Trockenmauern oder Totholzskulpturen und das Element Wasser lassen sich vielfältigste Erlebnisräume gestalten, die nicht nur den tierischen Gästen, sondern auch den Menschen einen wunderbaren Rahmen für ihr Leben bieten.

Und anders als meist in der freien Natur können sogar unterschiedlichste Lebensräume (wie Teich, Hecke und Trockenstandort) auf kleinem Raum miteinander verwoben werden. Darum Naturgarten!

Die lieben Nachbarn

Nicht alle Menschen können sich mit vermeintlich »wilder« und »ungezähmter« Natur anfreunden. Sie fürchten den völligen Kontrollverlust ... Ein Bonmot lautet daher: »Wie weiß ich, wann ich meine Hecke schneiden muss?« Antwort: »Das sagt Dir dein Nachbar.«

Die Samen der Wildpflanzen müssen vom Nachbarn geduldet werden

Samenstände stehen lassen? Da fliegt doch Unkraut über den Zaun. Holunder pflanzen? Die Vögel verteilen die Beeren und machen Flecken auf mein Auto. Bäume und Sträucher pflanzen? Und was ist mit dem Laub, das zu mir fliegt?

Ja, so mancher Nachbar mag sich am Naturgarten erst mal stören.

Suchen wir das Gespräch, lassen wir die Nachbarn an unseren Beobachtungen teilhaben, seien wir großzügig mit der Weitergabe attraktiver Jungpflanzen. Und wenn das alles nicht hilft, ist es gut zu wissen, dass auch der ordnungsliebendste Nachbar einen Naturgarten »aushalten« muss. Das Recht ist da auf unserer Seite.

Aber: Was ist eigentlich ein Naturgarten?

Was ist eigentlich ein Naturgarten?

Ist nicht jeder Garten Natur und natürlich? Ist ein Naturgarten ein verwilderter Garten ... oder ein Biotop, wie es zum Beispiel Naturschutzverbände pflegen? Oder etwas ganz anderes?

Ein Biotop ist das Habitat, also der Lebensraum, verschiedener Lebensgemeinschaften (Biozönosen) aus Tieren, Pflanzen und Pilzen. Unsere ganze Umgebung ist voll von verschiedensten Biotopen. Manche sind natürlich entstanden (Primärbiotope), andere durch menschliches Zutun. Artenreiche Almweiden oder Streuobstwiesen gehören zu solchen Sekundärbiotopen.

Obwohl der Begriff »Biotop« noch nichts über den ökologischen Wert der Fläche aussagt, wird er umgangssprachlich oft als Synonym für Naturschutzflächen verwendet. Bei diesen liegt das Hauptaugenmerk in aller Regel auf der Förderung bestimmter Zielarten. Manchmal geschieht das durch eine spezielle Nutzung (zum Beispiel Beweidung, Mahd) oder durch gezielte Pflege zur Förderung seltener Arten (zum Beispiel Entnahme von konkurrierenden Gehölzen). Das Naturerleben durch den Menschen steht dabei nicht im Fokus. Oft sind die Flächen sogar für den Publikumsverkehr eingeschränkt oder ganz gesperrt, um sie vor unbedachter Nutzung zu schützen.

Im NaturGARTEN dagegen sind die Gestaltung, Nutzung und das Erleben der Natur durch die in ihm lebenden Menschen jeden Alters wichtige Bestandteile. Sei es, um Familienfeste zu feiern, zu entspannen oder sich einfach an der bunten Vielfalt zu erfreuen. Daher ist ein Naturgarten viel mehr als ein reines »Biotop«. Er ist im Idealfall ein bewusst und möglichst ästhetisch gestalteter Raum für Mensch UND Natur.

Einjähriges Berufkraut

Brachland mit invasivem Neophytenbestand: Einjähriges Berufkraut (Erigoron annuus)

Einfach alles wachsen lassen?

Da die Natur so perfekt funktioniert, könnte man doch jetzt einfach alles wachsen lassen und zusehen, wie sich ein Naturgarten selbst entwickelt, oder?

Immer wieder sieht man verwilderte Gärten voller Brennnesseln, Kratzdisteln, mit Kanadischen Goldruten oder zugewucherten Teichen, die von ihren Besitzern als »Naturgarten« bezeichnet werden. Solche Wildgärten können einen gewissen Charme entfalten und wie Brachflächen durchaus ihre Berechtigung haben. Wie diese könnten sie als wertvolle Lebensräume dienen – ganz so einfach läuft es aber leider meistens nicht. Voraussetzung dafür wäre ein von vornherein sehr artenreiches Umfeld, aus dem sich die Vielfalt in den Garten ausbreiten könnte. Die Realität sieht aber anders aus. In bebauten oder intensiv landwirtschaftlich genutzten Gebieten (und dort befinden sich unsere Gärten in aller Regel) hat der Mensch oft schon viele Jahrzehnte lang seine Spuren hinterlassen, Boden abgetragen und neu aufgetragen, umgegraben, gerodet, gepflanzt, gedüngt, gespritzt ...

Von einer vielfältigen Wildvegetation ist da selten etwas übrig, in den allermeisten Fällen dominieren stattdessen verdrängungsstarke Bestände von Ausläufer bildenden Gräsern, Brennnesseln, Giersch, Armenischer Brombeere, Kanadischer Goldrute und anderen, oft problematischen Arten. Findet man ehemalige Zier-Rasenflächen vor, dauert es aufgrund der dort vorherrschenden ausbreitungsstarken Gräser-Arten mitunter Jahrzehnte, bis sich allein durch eine Pflegeumstellung (weniger Mähen, Abtragen des Mäh-Gutes) eine kräuterreiche Blumenwiese entwickeln kann. Diese weitgehend sich selbst überlassenen Gärten bleiben daher allzu oft ohne ästhetischen Anspruch und schöpfen das reiche ökologische Potential eines gestalteten Naturgartens bei Weitem nicht aus.

Bild links: Kleine Gartenoase mit Teich

Natürlich können wir bei sehr großen Naturgärten unberührte oder sehr extensiv gepflegte Wildflächen integrieren, beim kleinen Reihenhausgarten ist das aber wenig sinnvoll.

Der Begriff »Naturgarten« ist nicht geschützt oder verbindlich definiert. So gibt es unterschiedliche Auffassungen, was einen Naturgarten ausmacht.

Schwierig wird es bei den »konventionellen« Naturgärten. In ihnen wird, aus rein ästhetischem Verständnis heraus, Natur oder das, was man dafür hält, »nachgebaut« – allerdings ohne die natürlichen Strukturen und ihre Lebensraumfunktionen zu verstehen und ohne den Wert heimischer Pflanzen als Basis für die Tierwelt zu berücksichtigen. Da werden dann Pflanzen aus Südafrika und vom amerikanischen Kontinent mit Zuchtformen bunt zusammengewürfelt. Mitunter werden damit durchaus ästhetische, aber ökologisch recht anspruchslose Gartenbilder gestaltet. Mit Kies oder Lava totgemulcht, werden sie gerne auch als »Klimagärten« angepriesen. Selbstverständlich mit automatisierter Bewässerung. Schmuckgehölze aus Fernost werden nach der Farbe des Herbstlaubes zusammengestellt und Steine aus Indien oder Brasilien mit viel Beton und Mörtel verbaut. Staudenbeete werden als »Blumenwiesen« tituliert, aber mit einer echten Wiesengesellschaft haben sie so viel zu tun wie ein Wellensittich in der Voliere mit unseren Singvögeln.

Im ökologisch ambitionierten Naturgarten, um den es hier gehen soll, berücksichtigen wir gleichermaßen den Wunsch nach ganzheitlich gestalteten Lebensräumen für viele Tier- und Pflanzenarten wie den Wunsch nach einer angemessenen Nutzung und Ästhetik für die Menschen als Erlebnis- und Erholungsraum. Dabei dient uns die freie Natur in all ihrer Vielfalt als unerschöpfliche Inspirationsquelle.

Abwechslungsreiche Landschaften mit Felsen, Gewässern, Sanddünen und vielfältigen Strukturen, wie umgefallenen Bäumen, Wiesen, Waldgesellschaften, feuchten Mulden mit ihren typischen, je nach Standort ganz unterschiedlichen Pflanzengesellschaften finden sich als Zitate in Naturgärten wieder.

Gebaut wird mit möglichst regionalen, natürlichen und unbehandelten Baustoffen, gerne auch recycelt. Chemische Dünger, Pestizide oder Ähnliches und Torf verwenden wir nicht. Zusätzlich bietet der Naturgarten ein Entwicklungskonzept, das die Pflege mittelfristig auf möglichst wenige, regulierende Tätigkeiten beschränkt. Die Gestaltung verbindet eine natürlich wirkende Ästhetik mit den Bedürfnissen der Nutzenden – nach Sitzplätzen, Spielmöglichkeiten für die Kinder oder der Abstellmöglichkeit für ein Auto.

Natürlicher Charme: Bepflanzung mit Mannstreu (Eryngium planum) und Wegegestaltung mit blühender Wilder Möhre (Daucus carota)

Bauen für die Ewigkeit?

Zulassen von Dynamik ist ein Prinzip des Naturgartens. Auch bei den baulichen Anlagen sind Veränderung und Anpassung an sich wandelnde Ansprüche deutlich einfacher als im fest betonierten Garten. Lose geschichtete Trockenmauern lassen sich problemlos zurückbauen und die Steine neu verwenden. Gestreute Wege können wir nach Bedarf umlegen und verrottende Holzteile können wir, da sie nicht chemisch belastet sind, weiter im Garten als Lebensraumholz verwenden oder im Lagerfeuer problemlos verheizen.

Das ist also das Ziel. Aber wie kommen wir dahin?

Der Weg zum Naturgarten ist oft ein steiniger – und das im wörtlichen Sinn. Viele gedankliche, konventionelle Steine gilt es beiseite zu schieben, manche Klippen gilt es zu umschiffen.

Viele kleinste, kleine und große Steine werden dann zur Gestaltung verwendet, zu Trockenmauern verbaut, als Pflanzsubstrat genutzt oder zu Steinhaufen aufgeschichtet. Warum und wieso und wie aus so vielen Steinen (und anderen Baumaterialien) ein lebendiger Garten entstehen kann?

Die gute Nachricht: Es ist gar nicht so kompliziert, wie es hier vielleicht klingt.

Endlich
Naturgarten –
so geht's

Vorbereitung

Einen Garten zu gestalten, ist eine wunderbare Sache. Aber auch etwas völlig Neues, Herausforderndes. Einen Garten legt man nicht alle Tage an. Vielleicht nur einmal im Leben. Vielleicht wird es Ihnen schlaflose Nächte bereiten, in denen Sie in Gedanken schon durch Ihr neues grünes Paradies wandern ... In jedem Fall, ob Sie nun ein frisch planiertes Grundstück in einem Neubaugebiet Ihr Eigen nennen können oder einen alten, eingewachsenen Garten übernommen haben – vor dem ersten Spatenstich sollten Sie einige grundlegende Dinge überlegen.

Halten Sie alles schriftlich auf einer Wunschliste fest, damit Sie später darauf zurückgreifen können. Machen Sie Skizzen (dafür muss man kein Künstler sein) oder bauen Sie vielleicht sogar ein kleines Modell. Lassen Sie Ihren Träumen und der Fantasie freien Lauf, auch wenn die Ideen vielleicht erst mal völlig unrealistisch erscheinen. Schauen Sie sich um, »sammeln« Sie Bilder und Eindrücke aus der freien Natur oder anderen Naturgärten, notfalls auch aus Internet, Zeitschriften und Büchern. Je mehr, desto besser!

Gibt es schon eine Gartenanlage, lernen Sie diese in aller Ruhe kennen – am besten zu jeder Jahreszeit – und beantworten Sie für sich einige wichtige Fragen. Die folgende Checkliste hilft Ihnen dabei.

Profi-Tipp

Erste Überlegungen – die Checkliste

1. Die Gegebenheiten

- *Welche Pflanzen wachsen schon hier? (Dabei können Bestimmungsbücher oder Pflanzenbestimmungs-Apps – siehe Seite 185 – sehr gute Dienste leisten.)*
- *Sind invasive Arten darunter (mehr dazu siehe Seite 28)?*
- *Welche Pflanzen sollen unbedingt erhalten bleiben (an Ort und Stelle oder verpflanzt)?*
- *Welcher Boden ist an welchen Stellen im Garten vorhanden (sandig, lehmig, humos)?*
- *Wie sind die Lichtverhältnisse (wo ist es heiß, sonnig, wo schattig, kühl)?*

- ▷ *Wo sind trockene, wo feuchte Stellen?*
- ▷ *Gibt es Strukturen, die erhalten oder ausgebaut werden sollen (zum Beispiel ein natürlicher Teich, ein altes Schwimmbecken, ein Brunnen oder eine sumpfige Ecke, Sitzplätze, Hecken und Bäume)?*
- ▷ *Wie viele Niederschläge gibt es in der Region?*
- ▷ *Besteht Hochwassergefahr?*
- ▷ *Welche Wildpflanzen sind für die Gegend typisch?*
- ▷ *In welcher Kältezone befindet sich der Garten?*
- ▷ *Welche Vorgaben macht der Bebauungsplan, falls vorhanden?*

2. Die Nutzung

- ▷ *Wer nutzt den Garten und was sind die jeweiligen individuellen Wünsche an den Garten (gegebenenfalls auch die Kinder befragen oder den Wunschgarten zeichnen lassen)?*
- ▷ *Wie soll der Garten genutzt werden (Beobachtungsplätze, Ruhe-, Feier-, Essplätze, Spielecke, Nutzgarten, Badeteich, Kleintiergehege, »Biotope«)?*
- ▷ *Soll der Garten oder sollen Teile davon barrierefrei werden?*

3. Außerdem

- ▷ *Können versiegelte Flächen (Einfahrt, Terrasse, Wege) entsiegelt werden und kann eventuell das Material wiederverwertet werden?*
- ▷ *Von wo kann eventuell das Dachwasser abgeführt werden?*
- ▷ *Wie kann, soll, muss Regenwasser gesammelt werden oder im Garten versickern?*
- ▷ *Wo liegen Rohre und Leitungen, auf die geachtet werden muss?*
- ▷ *Gibt es hoch anstehendes Grundwasser oder anstehende Felsblöcke, die Grabearbeiten erschweren?*
- ▷ *Gibt es vorhandene Materialien (wie Steine, Baumwurzeln), die wiederverwendet werden können?*
- ▷ *Können und sollen Dächer oder Fassaden begrünt werden (Statik!)?*

4. Und vor allem

- ▷ *Wovon träume ich, wenn ich an meinen Garten denke?*

Früchte des einheimischen Pfaffenhütchens (Euonymus europaeus)

Ein schönes Bild, allerdings fast ausnahmslos ökologisch wenig sinnvolle Pflanzen aus fernen Ländern

Umgang mit vorhandenem Bestand

In einem bereits bestehenden Garten sollten die vorhandenen Pflanzen einem gründlichen »Nutzen«-Check unterzogen werden: Von ökologischen »Nullnummern« wie Forsythie, Kirschlorbeer oder Rhododendron dürfen Sie sich leichten Herzens verabschieden. Invasive Neophyten, die für ein ökologisches Ungleichgewicht sorgen, sollten Sie möglichst rigoros entfernen. Darüber gibt es in einschlägigen Internetforen allerdings oftmals hitzige Diskussionen.

An ihre Stelle treten aber viel besser heimische Arten, die den Exoten auch ästhetisch in nichts nachstehen – mit ihrem vielfältigen Nutzen als Pollen- und Nektarspender, Raupenfutter oder mit leckeren Früchten für Vögel und Kleinsäuger.

Doch letztlich bleibt es natürlich Ihre persönliche Entscheidung, deshalb an dieser Stelle ein wenig Basiswissen: Was bedeutet bei Pflanzen und Tieren eigentlich »heimisch«?

Bilder rechts:
Die Kornrade (Agrostemma githago) gelangte mit dem Ackerbau nach Mitteleuropa (links). Den Archäophyt Muskatellersalbei (Salvia sclarea) nannte bereits im 11. Jahrhundert Hildegard von Bingen (rechts).

Was bedeutet eigentlich »heimisch«?

Nach dem Ende der letzten Eiszeit vor rund 10 000 Jahren entwickelte sich in ihren Grundzügen unsere heutige Flora in Mitteleuropa. Arten, die auf diese Zeit zurückgehen und bis heute vorkommen, bezeichnet man als indigene Pflanzen. Sie sind gleichsam die floralen »Ureinwohner«. Seit Beginn des Ackerbaus in der Jungsteinzeit in Europa (etwa 5000–4000 v. Chr.) wurden vom Menschen auf seinen ausgedehnten Wanderungen auch Pflanzen aus weiter entfernten Gebieten eingeführt. Und nicht zuletzt die Römer brachten auf ihren Feldzügen und Handelsrouten viele bis dahin unbekannte Pflanzen mit, darunter viele Würz- und Heilkräuter.

All diese bis Kolumbus Entdeckung von Amerika im Jahr 1492 durch Menschen angesiedelten Arten werden als Archäophyten bezeichnet. Größtenteils stammten sie in Mitteleuropa ursprünglich aus angrenzenden Florenregionen, zum Beispiel aus dem Mittelmeerraum oder Südosteuropa, einige wurden aus den Nahen Osten eingeführt.

Die Gesamtheit der indigenen und archäophytischen Pflanzen gilt im weiteren Sinne als in Deutschland »heimisch«, da diese Pflanzen im Lauf der Jahrhunderte ökologische Nischen besetzen konnten und mittlerweile ins Netzwerk eingebunden (eingenischt) vernetzt sind.

Neophyt Sonnenblume (Helianthus annuus) – erst seit dem 16. Jahrhundert in Europa

Nun gibt es zusätzlich aber auch noch deutliche regionale Unterschiede. So lebt in der Norddeutschen Tiefebene eine andere Vegetation als im Voralpenland. Und selbst wenn dieselbe Art in beiden Gebieten vorkommt, bestehen doch deutliche Unterschiede aufgrund ihrer jeweiligen Anpassung an unterschiedliche Böden, Niederschläge, Klimazonen. So hat sich im Lauf der Zeit eine an die jeweilige Region angepasste, große genetische Bandbreite auch innerhalb einer Art entwickelt. Solche – jeweils zu einer bestimmten Region gehörigen – heimischen Pflanzen nennt man autochthon.

Während die Verwendung autochthoner Pflanzen für Naturschutzmaßnahmen und bei Maßnahmen im Außenbereich von Siedlungsräumen von besonderer Bedeutung (und vorgeschrieben) ist, kann man als »normaler« Gartenbesitzer guten Gewissens aus der ganzen Bandbreite in Mitteleuropa heimischer Pflanzen schöpfen. Gibt es jedoch die Möglichkeit, an autochthones Saatgut, autochthone Stauden oder Gehölze zu gelangen, gibt man ihnen den Vorzug, da sie am besten an die regionalen Gegebenheiten angepasst sind.

Invasive Neophyten oder: Können Pflanzen »böse« sein?

Eine besondere Stellung nehmen die sogenannten invasiven Neophyten ein – aber was ist das eigentlich? Und warum sind sie ein Problem?

Als Neophyten werden alle Pflanzen bezeichnet, die nach 1492 (Entdeckung Amerikas) eingeführt wurden und hierzulande bis dahin natürlicherweise nicht vorkamen. Ab jener Zeit setzte ein reger Handel über den Atlantik, der vorher für die Pflanzen aus eigener Kraft nicht zu überwinden war, ein.

Dominanzbestand: Kanadische Goldrute (Solidago canadensis) und Indisches Springkraut (Impatiens glandulifera)

Die Pflanzen aus der »neuen Welt« haben eine völlig andere Entwicklungsgeschichte als die europäischen Pflanzen und wurden im Lauf der Evolution seit der Eiszeit nicht in unser Ökosystem eingebunden. Viele der »neuen« Pflanzen sind aus unserem heutigen Leben als Nahrungsmittel nicht mehr wegzudenken, zum Beispiel Kartoffeln, Tomaten oder Mais. Diese Kulturpflanzen sind jedoch hier nicht Teil unserer Betrachtung, gleichwohl viele Naturgärten mit einem Gemüsegarten als Ertragszone verbunden sind.

Viele weitere Pflanzen, zum Beispiel aus Südafrika oder Fernost, wurden in den folgenden Jahrhunderten eingeführt – der größte Teil davon übrigens als Zierpflanzen. Der weit überwiegende Teil davon kann ohne menschliches Zutun nicht dauerhaft in unserem Klima überleben und ist daher unproblematisch.

Doch ein kleiner Teil konnte und kann sich im hiesigen Naturraum etablieren und ausbreiten. Davon wiederum fühlt sich ein Teil so wohl, dass er aufgrund seiner Ausbreitungsfreude zur Gefahr für das vorhandene Ökosystem wird: Das sind die als invasive Neophyten bezeichneten Pflanzen.

Aber warum werden sie zur Gefahr? Diese Pflanzen haben hierzulande oft keine natürlichen Krankheiten oder Fressfeinde, eine extrem hohe Vermehrungsrate oder sie besetzen »schwierige« Lebensräume, wie Brachen. Gerade dort verdrängen sie leider allzu häufig spezialisierte heimische Arten und schaden damit nachhaltig dem Ökosystem. Um eine weitere Ansiedlung zu stoppen, sollten diese invasiven Arten also nicht im Garten kultiviert werden. Um die weitere Ausbreitung einzudämmen, ist es zudem durchaus sinnvoll, Altbestände zu roden und durch ökologisch sinnvollere Alternativen zu ersetzen.

In manchen Regionen kann es sein, dass bestimmte invasive Arten überhaupt (noch) nicht als problematisch wahrgenommen werden, während sie anderswo in Deutschland gefühlt an jeder Straßenböschung zu sehen sind. Mit der fortschreitenden Klimakatastrophe verschieben sich aber auch die Klimazonen. So ist kaum vorhersehbar, welche Pflanze in Zukunft an welcher Stelle besonders dominant werden wird.

In der Schweiz ist man da schon einen Schritt weiter: Dort gilt ein Handelsverbot für invasive Neophyten, wie zum Beispiel Kirschlorbeer Prunus laurocerasus, *Blauglockenbaum* Paulownia tomentosa *oder Schmetterlingsflieder* Buddleja davidii. *In Deutschland sind die invasiven Arten leider immer noch ungekennzeichnet im Angebot vieler Gartencenter und Gärtnereien zu finden und werden häufig sogar als »besonders insektenfreundlich« oder »ideale Klimabäume« (Blauglockenbaum) angepriesen.*

Umsichtige Menschen lassen hier also Vorsicht walten. Eine vollständige Auflistung der problematischen Arten finden Sie zum Beispiel im »Handbuch invasiver Neophyten«, einsehbar auf der Internetseite des NaturGarten e. V. (siehe Seite 189).

Übrigens sind einige unserer beliebtesten heimischen Arten (zum Beispiel Blutweiderich Lytrium salicaria, *Schafgarbe* Achillea millefolium *oder Gewöhnlicher Liguster* Ligustrum vulgare*) in Nordamerika ähnlich gefürchtete invasive Neophyten wie hierzulande die Kanadische Goldrute* Solidago canadensis *oder das Indische Springkraut* Impatiens glandulifera. *Es kommt also immer auf das jeweilige ökologische Netzwerk an und darauf, ob die Pflanze darin eingebunden ist – oder eben nicht.*

Trennen wir uns also vernünftigerweise von invasiven, nichtheimischen Arten im Bestand, so gilt das Trennen auch für fremdländische, kurzlebige »Beet-Blümchen«, die in knalligen Farben oder mit gefüllten Blüten um die Wette strahlen, aber nur wenige oder gar keine Insekten ernähren (die eventuell aus Nachbars Garten einfliegenden Honigbienen zählen hier übrigens nicht – dazu an anderer Stelle mehr, siehe Seite 66). Denn die Insekten sind eine unabdingbare Basis vielfältigen Lebens im Garten. Sie dienen nicht nur der Bestäubung der Pflanzen, sondern vor allem vielen höheren Lebewesen als Nahrung: Vögel, Reptilien, Amphibien oder Kleinsäuger ernähren sich zu einem großen Teil von Insekten in all ihren Entwicklungsstadien.

Eine namenlose halbgefüllte Hagebutten-Rose erobert das Spalier am Fachwerkhaus

Und doch »muss« nicht alles aus dem Garten geräumt werden, was nicht heimisch ist. Lassen Sie sich kein schlechtes Gewissen einreden, wenn im Garten noch Lavendel blüht oder eine Hortensie. Auch ein Naturgarten ist ein Kulturraum und darf sich daher auch mal etwas »unnützen« Luxus erlauben. Gibt es dann noch besondere Pflanzenpersönlichkeiten, die vielleicht emotionale Geschichten erzählen (zum Beispiel die Lieblingsrose der Großmutter), dürfen Sie natürlich auch ein Auge zudrücken.

Selbst in den Regularien der »Fachbetriebe für Naturnahes Grün – Empfohlen von Bioland«, die auf ökologische Planungen im Garten- und Landschaftsbau spezialisiert sind, heißt es: »Mindestens zwei Drittel der Pflanzungen müssen heimisch gestaltet werden, maximal ein Drittel darf auch aus (nicht invasiven) Neophyten oder Sorten bestehen.«

Ohne Zweifel ist jede heimische Wildpflanze ein Gewinn, aber man darf sich ruhig auch etwas entspannen. Mit der Zeit werden Sie vermutlich ohnehin immer mehr »schöne Wilde« entdecken, die nach und nach den Garten erobern – da gibt es ein gewisses Suchtpotential ...

Pflanzennamen

Ein biologischer Artname besteht aus einem lateinischen Vornamen und einem lateinischen Zunamen, die Auskunft über die Artengruppe, Verwandtschaften und bestimmte Merkmale der Pflanze geben. Beispiel: das Wald-Vergissmeinnicht Myosotis sylvatica: Myosotis verweist auf die Gattung Vergissmeinnicht, sylvatica sagt uns, dass die Pflanze den Wald als Lebensraum bevorzugt.

Dieser botanische Name gilt weltweit und macht die Pflanze unverwechselbar – ganz im Gegensatz zu den regionalen Trivialnamen: Denn umgangssprachlich verwendete deutsche Namen sind oft irreführend. So heißt zum Beispiel der Löwenzahn Taraxacum sect. Ruderalia in manchen Gegenden auch »Butterblume«. So wird in anderen Regionen aber auch der Hahnenfuß Ranunculus arvensis genannt. Während Löwenzahn gut als Salatkraut dienen kann, ist der Hahnenfuß aber giftig. Deshalb lohnt es sich auch für Einsteigerinnen und Einsteiger, von Anfang an die botanischen Namen kennenzulernen und zu verwenden.

Gezüchtete Sorten erkennen

Wildpflanzen haben auch den züchterischen Ehrgeiz vieler Generationen von Gärtnernden geweckt. So sind durch gezielte Selektionen und Kreuzungen von bestimmten Arten teils völlig anders aussehende Pflanzen aus den Urformen entstanden: mit riesigen oder gefüllten Blüten, einer neuen Blütenfarbe oder Blattfärbung, bestimmten Wuchseigenschaften und anderen Eigenschaften. Diese züchterischen Produkte haben alle einen zusätzlichen Sortennamen: Dieser wird als dritter Name – meist in Anführungszeichen – hinter den zweiteiligen botanischen Namen gesetzt, zum Beispiel Myosotis sylvatica 'Rosylva'. Daran erkennt man sofort, dass es sich nicht um die eigentliche Wildform, sondern um eine Züchtung handelt. So ist 'Rosylva' nicht himmelblau wie die Wildform, sondern hat rosa Blüten. Manche züchterisch bearbeitete Sorten sind durchaus im Naturgarten brauchbar, andere – vor allem gefüllte, extrem großblütige Varianten oder hybride Kreuzungen (die steril sind oder sich bei Weitervermehrung stark im Aussehen verändern) – nicht.

Bei Gehölzen kann aber manchmal zum Beispiel eine schmalwüchsige Auslese durchaus eine gute Alternative sein: Verfügt man zum Beispiel nicht über so viel Platz, möchte aber dennoch einen Hausbaum in den Hof pflanzen, ohne ihn ständig beschneiden zu müssen, kann das die bessere Wahl sein.

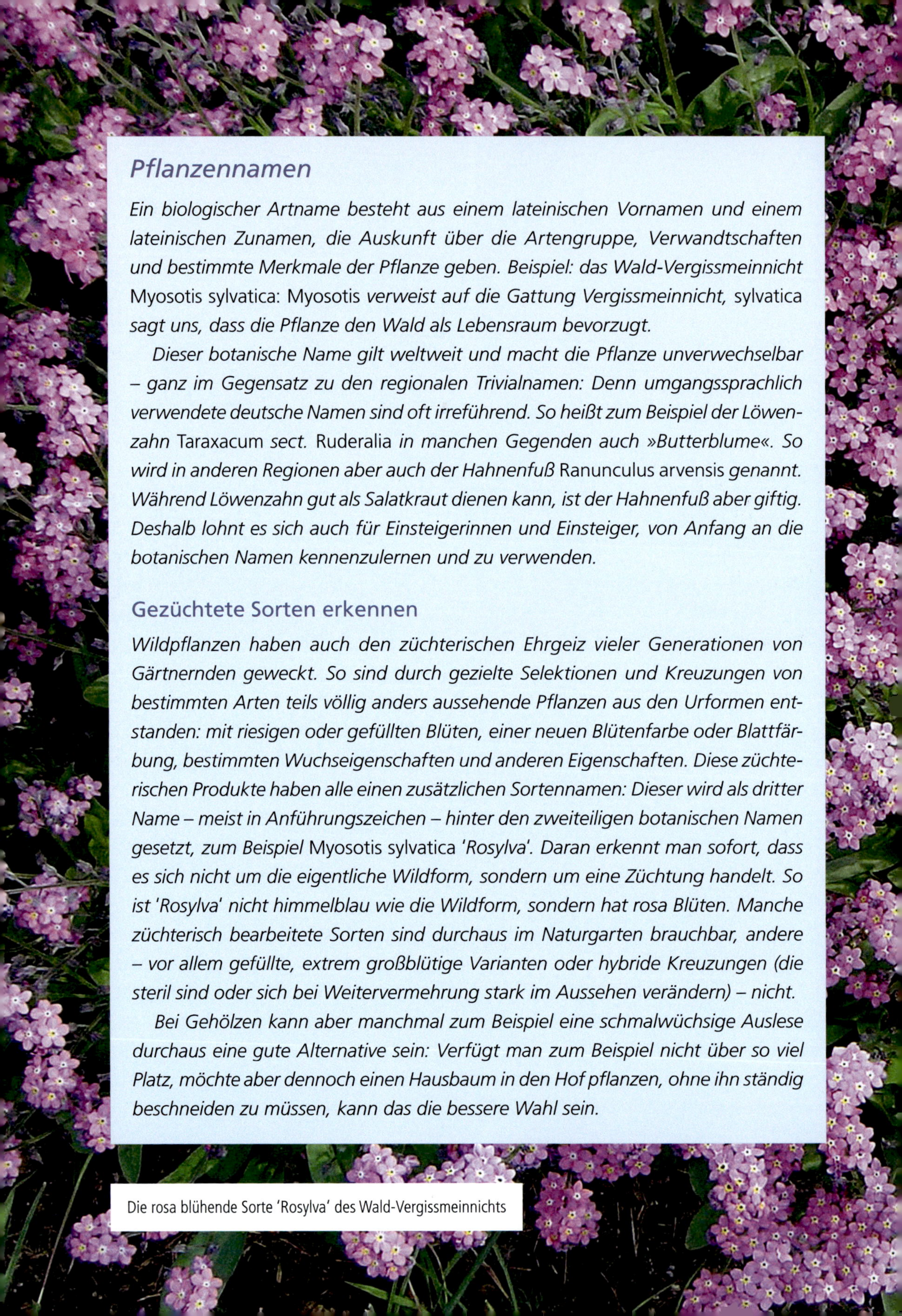

Die rosa blühende Sorte 'Rosylva' des Wald-Vergissmeinnichts

Vorhandenes Material erkennen und sichern

Sollen Bäume (zum Beispiel in den 1980er-Jahren gepflanzte, jetzt viel zu groß gewordene Koniferen) gefällt, vergreiste oder nichtheimische Sträucher gerodet werden, kann man das anfallende Holz, Wurzelstöcke und gegebenenfalls auch Astwerk gut für die Gestaltung von Totholzstrukturen verwenden, anstatt sie zu entsorgen – mit Ausnahme der invasiven Arten, die oft noch über eine hohe Ausschlagfähigkeit verfügen. Daher dürfen invasive Arten auch keinesfalls in die freie Landschaft gelangen, sondern müssen in die kommunale Grüngutentsorgung gebracht werden.

Aber: Alte, heimische, eingewachsene Laubbäume sind oft ein Kosmos für sich. Einen solchen Baum zu fällen, sollte man sich sehr genau überlegen und sich – wenn irgend möglich – für den Erhalt entscheiden, auch wenn das bedeutet, dass ein größerer Gartenteil beschattet wird. Eventuell kann man in solchen Fällen, besonders bei den Koniferen, auch nur den unteren Teil der Äste entfernen (Aufasten).

Sandiger Aushub kann im Sandarium verbaut werden

Solche alten, eingewachsenen Obstbäume sind Schätze, die man möglichst lange bewahren sollte

Naturnahe Spielecke aus ungeschälten Stämmen

Trockenmauer aus Recyclingmaterial

Zurückgebaute Pflasterflächen oder Wegbeläge können gut als »Steinbruch« und Rohstofflager dienen. Die Steine können als Fugenpflaster oder Teil eines Kreativpflasters neu verlegt werden, zum Bau einer Trockenmauer oder als unsichtbare Hinterfüllung derselben dienen. Glasierte, chemisch oberflächenbehandelte Baustoffe oder Baustoffe, die Faserzement oder Teer enthalten, sind nicht zur Wiederverwendung geeignet. Sie sind – wie auch imprägnierte oder angestrichene Hölzer (zum Beispiel Zäune, Terrassendielen) – ordnungsgemäß (und in der Regel kostenpflichtig) zu entsorgen. Das kann gleich daran erinnern, in Zukunft chemisch behandelte Materialien zu meiden.

Im Neubaugebiet – es kann losgehen

Im Neubaugebiet beginnen Sie bei weniger als Null: Der ursprünglich gewachsene Bodenaufbau ist in der Regel nicht mehr zu erkennen und von den Baumaschinen gnadenlos verdichtet. Sie haben also (im Rahmen des örtlichen Bebauungsplanes mit seiner zugehörigen Grünsatzung) größtmöglichen gestalterischen Freiraum, den es mit Ideen zu füllen gilt. Trauen Sie sich, dabei Ihre Träume zu verwirklichen, und schielen Sie nicht nach dem, »was üblich ist« oder »was der Nachbar macht«. Sie können es viel besser!

Achten Sie darauf, dass kein Baumüll vergraben wurde.

Fast immer wird vor Baubeginn des Hauses der gewachsene Ober- oder Mutterboden (meist von allerlei Unkraut durchwachsen) als »gute« Humusschicht mit dem Radlader abgezogen und auf einem großen Haufen am

Im Neubaugebiet: Der Humus wurde abgefahren, der Unterboden liegt zum Modellieren auf Haufen bereit …

… und schon bald blüht es auf!

Grundstücksrand gelagert. Lassen Sie sich nicht durch wohlmeinende anderslautende Ratschläge beirren! Sie brauchen diesen Boden nicht. Auch keinen »guten, gesiebten Mutterboden« vom Tiefbauunternehmer – der ist in aller Regel ein Hort aller (Un-)Kräuter, die Sie keinesfalls im Garten haben wollen, von Ackerwinde bis Schachtelhalm, von Berufkraut bis Quecke!

Der Aushub aus den tieferen Schichten der Baugrube, der sogenannte Unterboden, dagegen wird meist als »Abfall« zur Entsorgung abgefahren. Und diesen Boden können Sie gut gebrauchen! Wenn Sie es also irgendwie beeinflussen können, sorgen Sie für die Abfuhr des »guten Bodens« und behalten Sie den vermeintlich unfruchtbaren Unterboden-Aushub (auch B-Horizont genannt). Decken Sie Ihren Aushub-Berg möglichst mit einer großen, stabilen Plane bis zu dessen weiterer Verwendung ab (landwirtschaftliche Siloplanen sind gut geeignet). Das Material aus tieferen Bodenschichten ist eine hervorragende, da von Unkräutern weitgehend unbelastete, Basis für die weitere Gartengestaltung. Die Abdeckung sorgt dafür, dass keine Samen von außen einfliegen.

Mit dieser Erde lassen sich später zum Beispiel hervorragend Landschaften mit Wällen oder Hügeln modellieren, die dem Naturgarten zu einem spannenden dreidimensionalen Profil verhelfen. Haben Sie stark lehmhaltigen Boden, muss dazu allerdings gegebenenfalls Sand beigemengt werden. Finden sich Steine, Kies oder müssen beim Kellerbau gar Felsen gebrochen werden, sichern Sie sich dieses wertvolle regionale Material zur späteren Verwendung!

Und wenn Sie nun ungläubig den Kopf schütteln: Doch, das können Sie noch brauchen. Darauf wird sogar etwas wachsen. Nur Mut!

Die Umsetzung – vom Traum zur Realität

Kleinere Vorhaben lassen sich auch gut schrittweise in Eigenregie umsetzen

Schwer ist leicht was – was kann ich selber machen?

Wer schon mal ein Beet umgegraben hat, weiß: Das kann ganz schön schnell in richtige Arbeit ausarten. Blasen an den Händen und heftigen Muskelkater am nächsten Tag gibt's für Ungeübte inklusive. Schon mancher Traum vom eigenen Teich ist nach der zwanzigsten Schubkarre voller Erde jäh gescheitert, wenn nach all der Plackerei das gewünschte Ergebnis noch nicht einmal ansatzweise abzusehen war.

In vielen Fällen müssen für den Wunschgarten einige (manchmal etliche) Tonnen Material hin und her bewegt werden. Zusätzliches Material muss herbeigeschafft und in das Grundstück gebracht werden. Und Schubkarrenarbeit kann – wie schon erwähnt – sehr kräftezehrend sein. Schließlich hat nicht jeder Mensch reine Freude an harter körperlicher Arbeit und Schwielen an den Händen ...

Schätzen Sie die Möglichkeiten Ihrer Helfer und Helferinnen realistisch ein

Damit Sie die Freude am Naturgarten also nicht schon verlieren, bevor er überhaupt entstanden ist, schätzen Sie Ihre eigenen Ressourcen (und die Ihrer hilfsbereiten Freundinnen und Freunde) bereits in der Planungsphase realistisch ein.

Vielleicht beginnen Sie auch zuerst einmal mit einem kleinen Staudenbeet und arbeiten sich dann abschnittsweise durch den Garten. Es muss nicht immer gleich der ganz große Wurf sein. Auch kleine Lebensräume werden von der Tierwelt dankend angenommen. Jeder Quadratmeter ist ein Gewinn!

Suchen Sie sich bei Bedarf Hilfe in Form geeigneter Maschinen mit erfahrenen Führern (ein guter, umsichtiger Baggerführer ist immer sein Geld wert) und genügend kräftiger helfende Hände, je nach Projektgröße und räumlichen Gegebenheiten.

Skizzieren Sie in jeden Fall im Vorfeld den Bestand und Ihre Ideen in einen Plan. Dafür ist kein zeichnerisches Talent nötig. Der Plan dient Ihnen vor allem als Gedächtnisstütze. Sie können auch eine Collage machen. Als Grundlage gut geeignet sind Katasterauszüge des Liegenschaftsamtes oder eventuell auch ein Luftbild aus dem Internet oder ein Drohnenfoto (am besten im Winter, wenn die Bäume ohne Laub sind). Zeichnen Sie vorhandene Leitungen, Bauwerke und Ähnliches ein.

Bei umfangreicheren Vorhaben sollten Sie auf jeden Fall einen maßstäblichen Plan anfertigen (lassen), der all Ihre Wünsche enthält – auch wenn diese vielleicht in verschiedenen Bauabschnitten zeitlich versetzt nacheinander abgearbeitet werden sollen. Nur so kann am Ende ein harmonisches Ganzes entstehen. Oft entstehen sonst viele kleine gestaltete Inseln, ohne Bezug zueinander, und dazwischen bleibt eine Art »Niemandsland« übrig.

Werden die Bezüge, Wege und Sichtachsen (auch aus den Fenstern des Hauses) aber von vornherein geplant, kann man die einzelnen Sektionen später gut nacheinander abarbeiten und stimmig miteinander verbinden.

Denken Sie beim Festlegen der Reihenfolge der Maßnahmen auch immer an die Zugänglichkeit der jeweiligen Bereiche – damit verhindern Sie böse Überraschungen. Denn Sie wären tatsächlich nicht die Ersten, die am Ende Ihr Material eimerweise in unzugängliche Ecken schleppen müssen, weil man nicht mal mehr mit einer Schubkarre hinkommt, da der Weg anderweitig »verbaut« wurde ...

Profi-Tipp

Planung – die Checkliste

1. So gelingt der gezeichnete Plan

- *Besorgen Sie sich eine Planungsgrundlage und skalieren Sie diese so, dass sie etwa flächendeckend auf ein DIN-A3-Blatt passt. Es muss nicht perfekt werden, eine Skizze genügt, und dafür muss man nicht gut malen können.*
- *Markieren Sie die Himmelsrichtungen.*
- *Planen Sie über die komplette Fläche! Sollen Flächen unbearbeitet bleiben, markieren Sie diese.*
- *Maßstäbliches Arbeiten ist sehr hilfreich. Ich lege über meine Skizzen immer ein Raster von 1 × 1 Meter. So können Sie direkt und ohne zu messen abschätzen, wo zum Beispiel Wege in welcher Breite sinnvoll sind und wie einzelne Gartenelemente oder Gartenräume am besten miteinander verbunden werden können.*
- *Nehmen Sie sich Zeit für diesen Schritt und probieren Sie auf dem Papier Varianten aus. Dafür können Sie einzelne Komponenten ausschneiden und auf dem Papier hin und her schieben. Wer kann und mag, kann dafür auch ein Computer-Zeichenprogramm nutzen.*

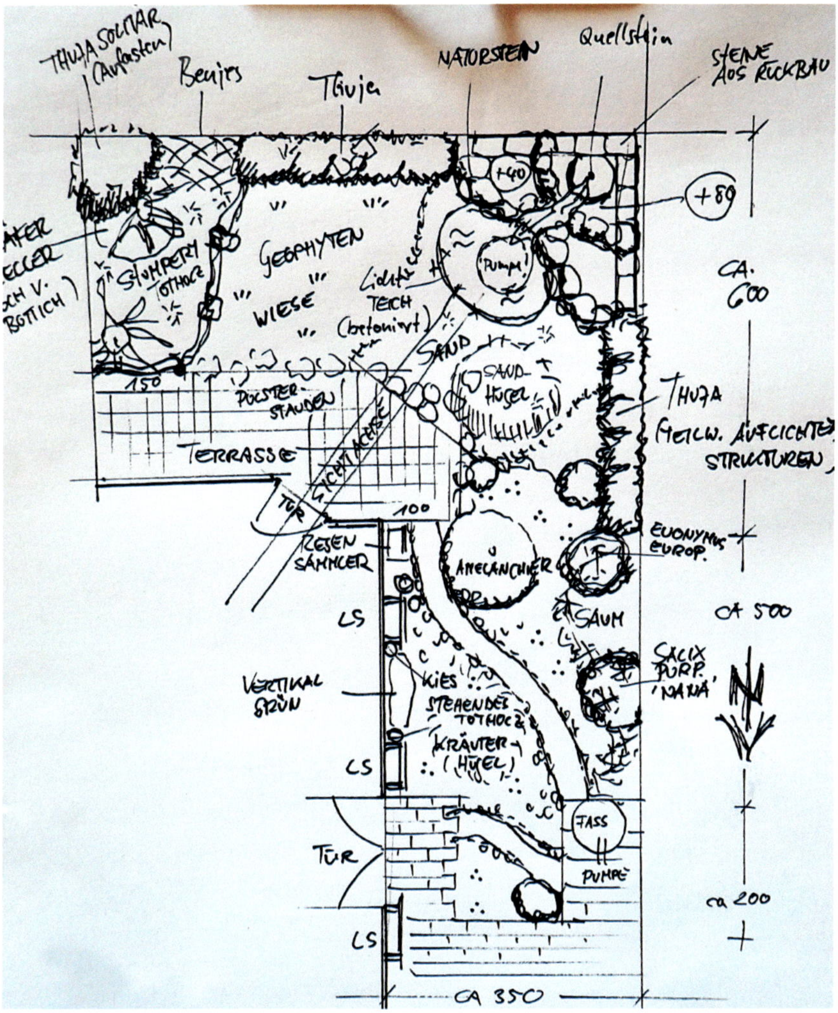

Entwurfsskizze

▷ *Vermeiden Sie unbedingt »Restflächen« ohne Funktion, sondern verbinden und verzahnen Sie die einzelnen Beete, Wege, Wiesen oder Saumbereiche unmittelbar miteinander. Niedrige Mauern, Baumstämme oder Pfade können unterschiedliche Lebensbereiche trennen (zum Beispiel das Sandbeet von der Blumenwiese).*

▷ *Dann arbeiten Sie in Ihrem individuellen Tempo die Punkte ab, ganz gleich, ob in zwei Wochen oder zehn Jahren.*

2. Abstecken vor Ort

- *Besorgen Sie sich Stäbe oder angespitzte Dachlatten von etwa 1,5 Meter Länge, einen Fäustel, Markierspray, Flatterband oder Kalk, um die im Plan skizzierten Formen ins Gelände zu übertragen und sichtbar zu machen. Die Stäbe können dabei die Höhen verdeutlichen.*
- *So bekommen Sie einen ersten Eindruck und können noch mal ausprobieren, ob zum Beispiel der Sitzplatz die passende Größe für Ihre Liegen hat oder die Schubkarre bequem durch die Wegbreite zu schieben ist.*

3. Ablaufplan

- *Arbeiten Sie immer »von hinten nach vorne«. So müssen Sie nicht mehr mit schwerem Material durch bereits fertiggestellte Anlagen.*
- *Versuchen Sie, Energien zu bündeln: Wird zum Beispiel ein Teich ausgehoben, planen Sie den Aushub möglichst direkt an anderer Stelle ein, zum Beispiel um ein Hügelbeet oder einen Sichtschutzwall anzulegen. So müssen Sie das Material nur einmal bewegen und es entstehen keine hohen Transport- und Entsorgungskosten.*

4. Kräfte sinnvoll einsetzen

- *Wägen Sie sorgfältig ab, wann und wo schweres Gerät sinnvoll ist. Handarbeit schont die Flächen und den Geldbeutel, Maschinenarbeit Ihren Körper.*
- *Bei nassem, matschigem Boden keine schweren Maschinen einsetzen, um den Boden nicht zu verdichten. Notfalls mit Überfahrplatten arbeiten. So wenig wie möglich hin und her fahren. Einmal verdichteter Boden ist nur schwer wieder zu beleben.*

5. Konsequent naturnah bleiben

- *Lassen Sie sich bei der Bautechnik nicht auf Gewohntes ein: Naturnahe Baustoffe und ihre sinnvolle Verarbeitung sind für manchen professionellen Gartenbauer leider immer noch ungewohntes Neuland.*
- *Dies kann allerdings bedeuten, dass Sie teilweise auf etwaige Gewährleistungsansprüche verzichten müssen.*
- *Aber die Methoden sind jahrzehntelang erprobt und bewährt, auch jene, für die es keine DIN-Bestimmungen gibt.*

Kleinbagger (links) und Dumper (rechts):
Ein Kleinbagger mit 3,5 Tonnen Gewicht ist auf solch kleiner Fläche nur bei trockenem Boden sinnvoll

Wer hilft mir?

Während man kleinere Projekte oft noch recht gut selbst bewältigen kann, stellt sich bei kompletten Neuanlagen oder großen Umbauten schnell die Frage nach einer geeigneten Fachfirma.

Von Vorteil wäre es natürlich, wenn Sie einen zertifizierten Naturgarten-Fachbetrieb (empfohlen von Bioland) oder einen »Naturgartenprofi« (Absolvent, Absolventin der Naturgarten-Akademie) in der Nähe finden, der die Anlage nach Ihren Wünschen mit Ihnen plant, umsetzt und in der ersten Zeit betreut. Leider arbeiten diese noch nicht flächendeckend (siehe Seite 185).

Aber nicht verzagen: Für Erdarbeiten kann man gut auf Baufirmen oder »konventionelle« Gartenbaubetriebe zurückgreifen. Ein Kompakt-Bagger mit einem umsichtigen Fahrer, einer umsichtigen Fahrerin schafft an einem Tag mindestens so viel wie fünf bis zehn fleißige Helfer. Damit rechtfertigen sich auch schnell die Kosten für so eine Maschine. Aber Vorsicht: Bei dieser Vorgehensweise sollten Sie sehr genau wissen, was Sie wollen. Maschinen arbeiten mitunter recht schnell und Standzeiten kosten Geld. Machen Sie sich also vorher Gedanken, erstellen Sie einen Arbeitsplan und bestehen Sie auf eine naturnahe Umsetzung, wie sie in diesem Buch und sonstiger einschlägiger Fachliteratur beschrieben ist!

Seien Sie möglichst während der ganzen Bauphase auf der Baustelle präsent, um alles im Blick zu haben. Gerade konventionelle Gartenbauer haben nämlich oft eine ganz andere Vorstellung und Vorgehensweise bei der Anlage von Grünflächen als Naturgartenbauer. Lassen Sie sich nicht beirren und gehen Sie keine Kompromisse ein – wie zum Beispiel solche: »hier muss unbedingt ein Unkrautvlies rein«, »das müssen wir betonieren« oder »da brauchen Sie guten Mutterboden«.

Sind Sie bei der (Neu-)Anlage der Pflanzflächen, der Wahl des geeigneten Saatgutes oder bei der Pflanzenauswahl unsicher, ziehen Sie renommierte Anbieter oder gute Fachliteratur zu Rate oder lassen Sie sich qualifiziert von einem Naturgartenprofi beraten. Einige Planerinnen und Planer bieten dies mittlerweile auch online an. Auch eine telefonische Betreuung kann sehr hilfreich sein.

Woher bekomme ich Pflanzen und Saatgut?

Geeignetes Saatgut und heimische Pflanzen für den Naturgarten findet man leider in der Regel noch nicht in der gewünschten Auswahl in der Gärtnerei »um die Ecke« und schon gar nicht im Bau- und Gartenmarkt oder beim Landhandel.

Wenn Sie unsicher sind, ob Ihre regionale Gärtnerei passende Pflanzen anbietet, schreiben Sie sich die botanischen (lateinischen) Namen auf und fragen Sie gezielt nach den heimischen, züchterisch unveränderten Wildpflanzen, damit Ihnen die Gärtnerei am Ende nicht doch eine ökologisch weniger wertvolle Sorte verkauft. Das ist kein böser Wille, aber die meisten Händler verkaufen in erster Linie immergrüne oder dekorative Trendpflanzen aus aller Welt, die mit unserer heimischen Natur nichts zu tun haben.

Qualifizierte Wildstaudengärtnereien sind in manchen Regionen leider (noch) rar gesät, aber da gibt es zum Glück den Versand als Möglichkeit. Ideal sind Shop-Angebote mit ausführlicher Beschreibung der Pflanzen und ihrer Standorte, so können auch Anfänger – nach etwas Einlesen – passende Pflanzen zusammenstellen. Die Pflanzen kommen in Paketen oder auf Paletten verpackt mit der Post oder einer Spedition ins Haus (empfehlenswerte Adressen siehe ab Seite 186).

Die Wildstaudengärtnerei von Susanne Spatz

Bei der Pflanzenzusammenstellung kann gute Fachliteratur (siehe Seite 184) oder auch das Internet, zum Beispiel das wissenschaftsbasierte FloraWeb oder die Datenbank von NaturaDB, hilfreich sein. Bei Letzterer lassen sich individuelle Pflanzenlisten unter Berücksichtigung von Licht- und Bodenverhältnissen leicht zusammenstellen. Viele hilfreiche Anregungen gibt es auch beim NaturGarten e. V. oder bei der Kampagne »Tausende Gärten – Tausende Arten«.

Kann man Ihnen regional nicht weiterhelfen, können auch Gehölze über den Versandhandel bestellt werden. Das ist allemal sinnvoller, als auf Vielfalt zu verzichten. Wenn Sie die Wahl haben, bevorzugen Sie immer gebietsheimische, regional gezogene Pflanzen, am besten in Bio-Qualität.

Saatgut – vorzugsweise Regio-zertifiziert (autochthon gemäß den festgelegten Ursprungsgebieten) – muss in der Regel direkt bei den Produzenten oder spezialisierten Händlern bestellt werden (siehe Seite 186). Blühmischungen, die in Discountern, Gartenmärkten oder im Landhandel angeboten werden, sind nie gebietsheimisch und bestehen fast immer zum überwiegenden Teil aus nichtheimischen Kultur- und Blühpflanzen. Oft werden sie billig im Ausland produziert. Damit sind sie für naturnahe Gestaltungen nicht zu gebrauchen. Beispiele für passende Pflanzen finden Sie weiter hinten im Buch bei den vorgestellten Lebensräumen.

Baumaterial

Magerstandort in der Natur mit Sand-Strohblume (Helichrysum arenarium) und Sand-Thymian (Thymus serpyllum)

Die Ressource vor Ort – welchen Boden habe ich?

Von der Art des Bodens hängt ab, wie viel Wasser und Nährstoffe er speichern kann und welche Pflanzen darauf am besten gedeihen. Gegebenenfalls kann es sinnvoll sein, mit Zuschlagsstoffen den Boden für die jeweilige Nutzung zu optimieren. Bodenanalysen kann man aufwendig gestalten, dabei werden im Labor der pH-Wert und die Gehalte an Phosphor, Magnesium, Kalium analysiert, oft auch die Gehalte an verschiedenen Schwermetallen. Das ist vor allem für den Ertragsanbau sinnvoll, für die Anlage eines Naturgartens aber nicht notwendig.

Den **pH-Wert** kann man auch über einen Teststreifen aus der Apotheke oder dem Gartenmarkt ermitteln – er gibt einen groben Anhaltswert auf die Bodenart:

- Sandboden: 5,3 – 5,7
- sandiger Lehm: 6,3 – 6,7
- toniger Lehm: 6,9
- Moorboden: 3,8 – 4,3

Bild rechts: Sand, Steine, Baumwurzeln, Nickende Disteln (Carduus nutans) im gestalteten Garten

Aufschluss gibt auch die **Fingerprobe:** Sandige Böden sind für naturnahe Anlagen ebenso gut geeignet wie kiesige oder schottrige Substrate. Sie zerfallen im feuchten Zustand auf der Hand, ihre Wasserspeicherfähigkeit ist eher gering. Dafür lässt sich der Boden leicht bearbeiten. In diesem Fall kann das gezielte Einarbeiten von Kompost Abhilfe schaffen. An welchen Standorten das sinnvoll ist, dazu an anderer Stelle mehr (siehe Seiten 50, 55, 105).

Wenn Sie aus einem feuchten Klumpen Erde eine kompakte, weniger als fingerdicke Rolle formen können, die nicht zerfällt, ist der Boden schwer, kann wenig Wasser speichern und ist eher schlecht zu bearbeiten. Hier kann mit Sand, feinkörnigem Splitt oder Kies und etwas Kompost aufgearbeitet werden, damit der Boden lockerer, durchlässiger und leichter bearbeitbar wird.

Wer genauer sehen möchte, aus welchen Bestandteilen sich der Boden zusammensetzt, kann die **Schlämmprobe** machen:

Dazu den Boden spatentief ausstechen und einen Längs-Streifen der Erde in ein 300 – 500 ml fassendes (möglichst hohes) Schraubglas füllen. Das Glas soll zu etwa einem Viertel mit der Erde gefüllt sein. Mit Wasser das Glas fast ganz auffüllen und alles gut aufschütteln. Dadurch wird die Probe aufgeschwämmt. Dann das Glas abstellen und beobachten. Die verschiedenen Bodenpartikel setzen sich nun, je nach Korngröße und Gewicht, unterschiedlich schnell ab und lagern sich schichtweise am Grund des Glases ab. Bei sehr feinen Tonpartikeln kann das mehrere Stunden oder sogar Tage dauern.

Zugekauftes Material

Bei der Gestaltung eines Gartens wird allerhand Material benötigt: Beläge für Wege, Baumaterial für Trockenmauern, Substrat für Modellierungen und Pflanzbeete. Nicht zuletzt Baustoffe für Möblierungen oder Wasserbauwerke. Das alles findet sich in den seltensten Fällen vor Ort im Garten. Also muss zugekauft werden.

Hier gilt die Maxime: Möglichst regional verfügbares, nachhaltiges Material wählen – das verbessert die Umweltbilanz ganz erheblich.

Neben dem vorgefundenen Boden arbeiten wir im Naturgarten vorzugsweise mit mineralischen Substraten wie Mineralgemisch, Schotter, Wandkies oder Grubensand. Diese – lose verkauften – sogenannten »Schüttgüter« sind idealerweise frei von organischen Bestandteilen, Unkräutern und Nährstoffen. Man bezieht sie lose nach Gewicht oder abgefüllt in Bigbags mit einem Füllvolumen von etwa einem Kubikmeter. Bigbags haben den Vorteil, dass das Material mit einem Kran-LKW auch hinter dem Gartenzaun abgestellt werden kann, anstatt einfach mit dem LKW abgekippt zu werden.

Will man mit dem eigenen Hänger zum Einkaufen fahren, muss das hohe Gewicht der Materialien beachtet werden. Kleinere Hänger sind da ganz schnell überladen. Ein Kubikmeter mineralisches Substrat wiegt – je nach Art – in erdfeuchtem, unverdichtetem Zustand zwischen 1,6 und 1,8 Tonnen! Mit einer Schubkarre muss man für einen Kubikmeter gut 15 bis 20 Mal laufen – je nach Kraft des Helfenden.

Als organisches Substrat kommt gütegesicherter Kompost zum Einsatz. Gewonnen wird er in gewerblichen Kompostwerken aus Grüngutabfällen. Die dabei entstehenden hohen Temperaturen (über 70 Grad Celsius) zerstören etwaige Unkrautsamen oder Wurzelreste.

Gütegesicherter Kompost dient als Beimischung für nährstoffhaltige Substrate (zum Beispiel in schattigen Lagen) oder als Keimbett bei Ansaaten und ist lose (Gewicht: etwa 0,7 Tonnen pro Kubikmeter) oder als Sackware erhältlich. Selbst gewonnener Kompost aus der eigenen Miete ist dafür leider ungeeignet.

Für spezielle Einsatzzwecke (wie gewichtsreduzierte Dachbegrünungen, filterfähige Teichsubstrate) gibt es Spezialanbieter, die auch bundesweit versenden.

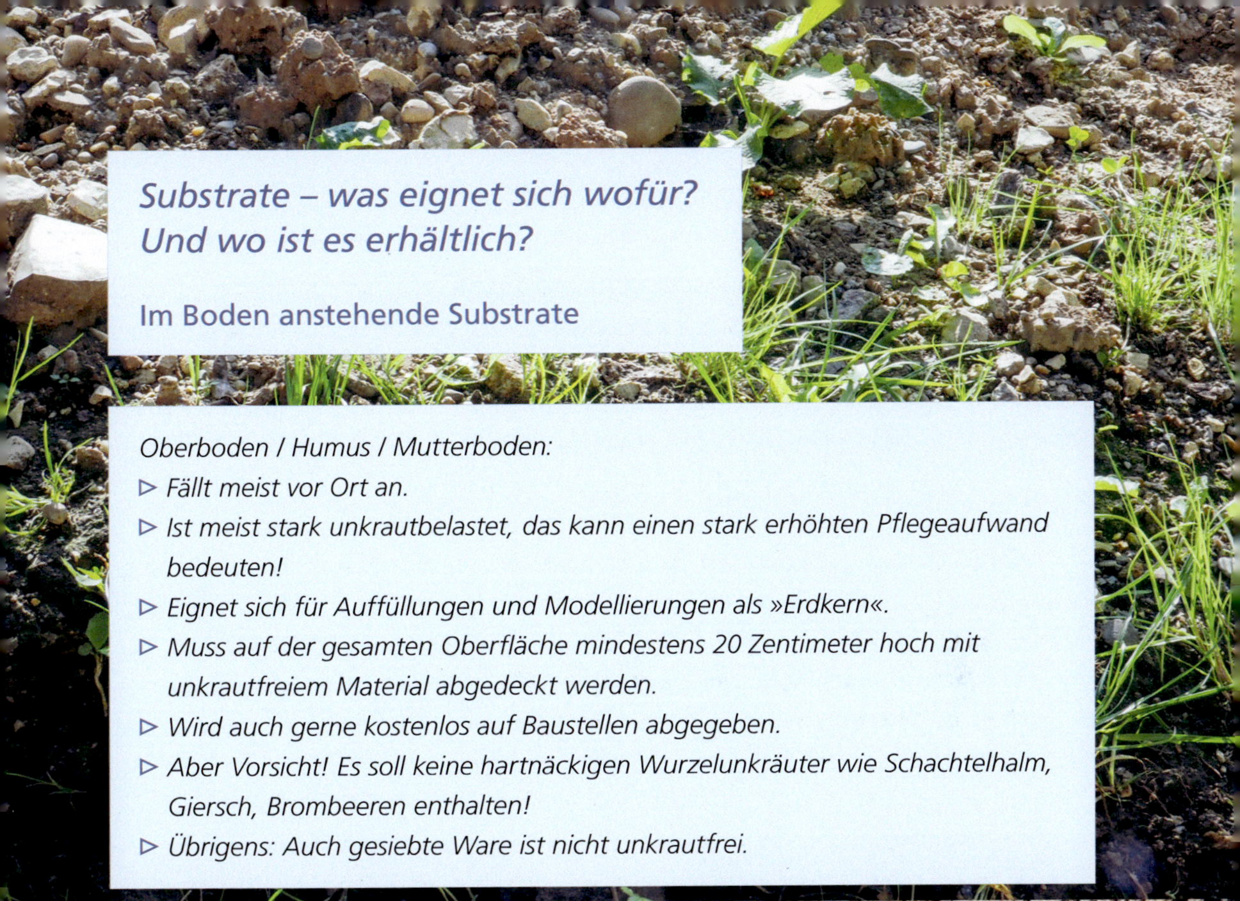

Substrate – was eignet sich wofür? Und wo ist es erhältlich?

Im Boden anstehende Substrate

Oberboden / Humus / Mutterboden:

- ▷ *Fällt meist vor Ort an.*
- ▷ *Ist meist stark unkrautbelastet, das kann einen stark erhöhten Pflegeaufwand bedeuten!*
- ▷ *Eignet sich für Auffüllungen und Modellierungen als »Erdkern«.*
- ▷ *Muss auf der gesamten Oberfläche mindestens 20 Zentimeter hoch mit unkrautfreiem Material abgedeckt werden.*
- ▷ *Wird auch gerne kostenlos auf Baustellen abgegeben.*
- ▷ *Aber Vorsicht! Es soll keine hartnäckigen Wurzelunkräuter wie Schachtelhalm, Giersch, Brombeeren enthalten!*
- ▷ *Übrigens: Auch gesiebte Ware ist nicht unkrautfrei.*

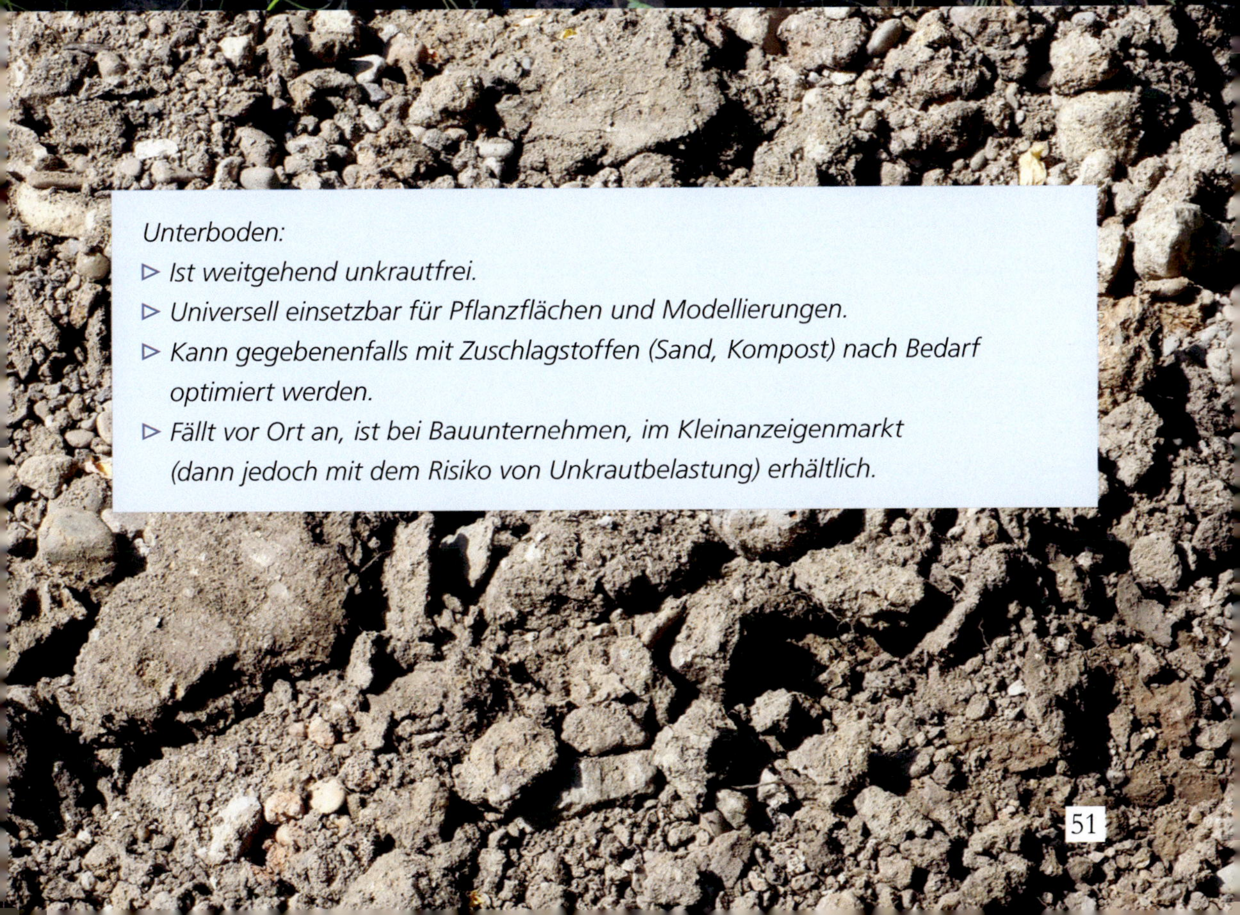

Unterboden:

- ▷ *Ist weitgehend unkrautfrei.*
- ▷ *Universell einsetzbar für Pflanzflächen und Modellierungen.*
- ▷ *Kann gegebenenfalls mit Zuschlagstoffen (Sand, Kompost) nach Bedarf optimiert werden.*
- ▷ *Fällt vor Ort an, ist bei Bauunternehmen, im Kleinanzeigenmarkt (dann jedoch mit dem Risiko von Unkrautbelastung) erhältlich.*

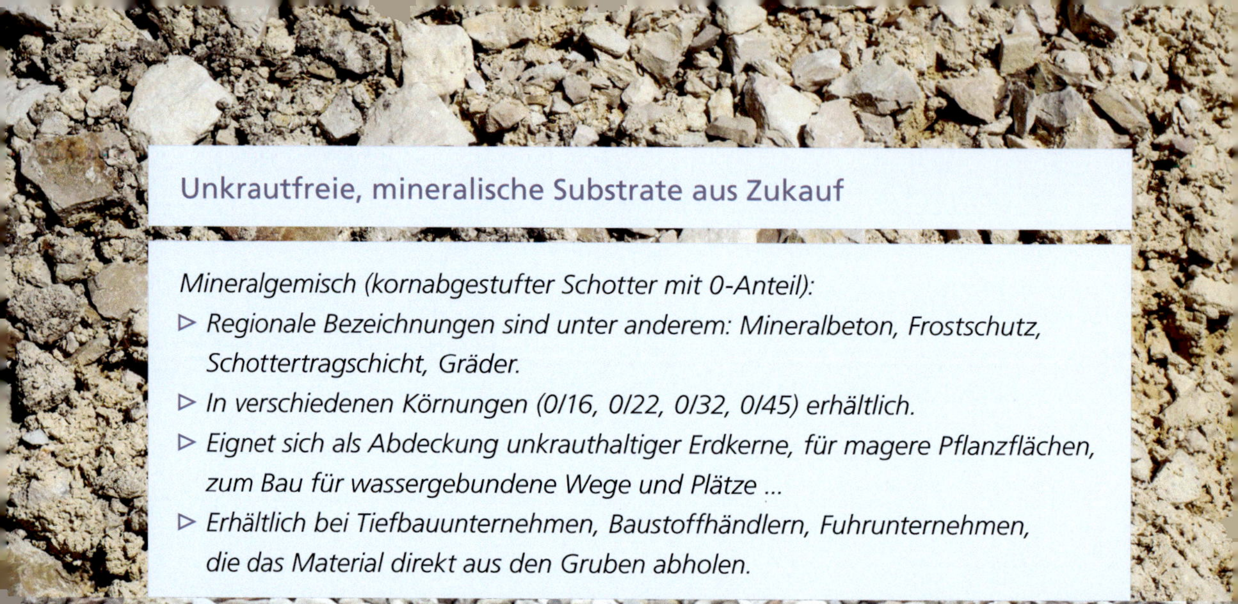

Unkrautfreie, mineralische Substrate aus Zukauf

Mineralgemisch (kornabgestufter Schotter mit 0-Anteil):

- ▷ *Regionale Bezeichnungen sind unter anderem: Mineralbeton, Frostschutz, Schottertragschicht, Gräder.*
- ▷ *In verschiedenen Körnungen (0/16, 0/22, 0/32, 0/45) erhältlich.*
- ▷ *Eignet sich als Abdeckung unkrauthaltiger Erdkerne, für magere Pflanzflächen, zum Bau für wassergebundene Wege und Plätze ...*
- ▷ *Erhältlich bei Tiefbauunternehmen, Baustoffhändlern, Fuhrunternehmen, die das Material direkt aus den Gruben abholen.*

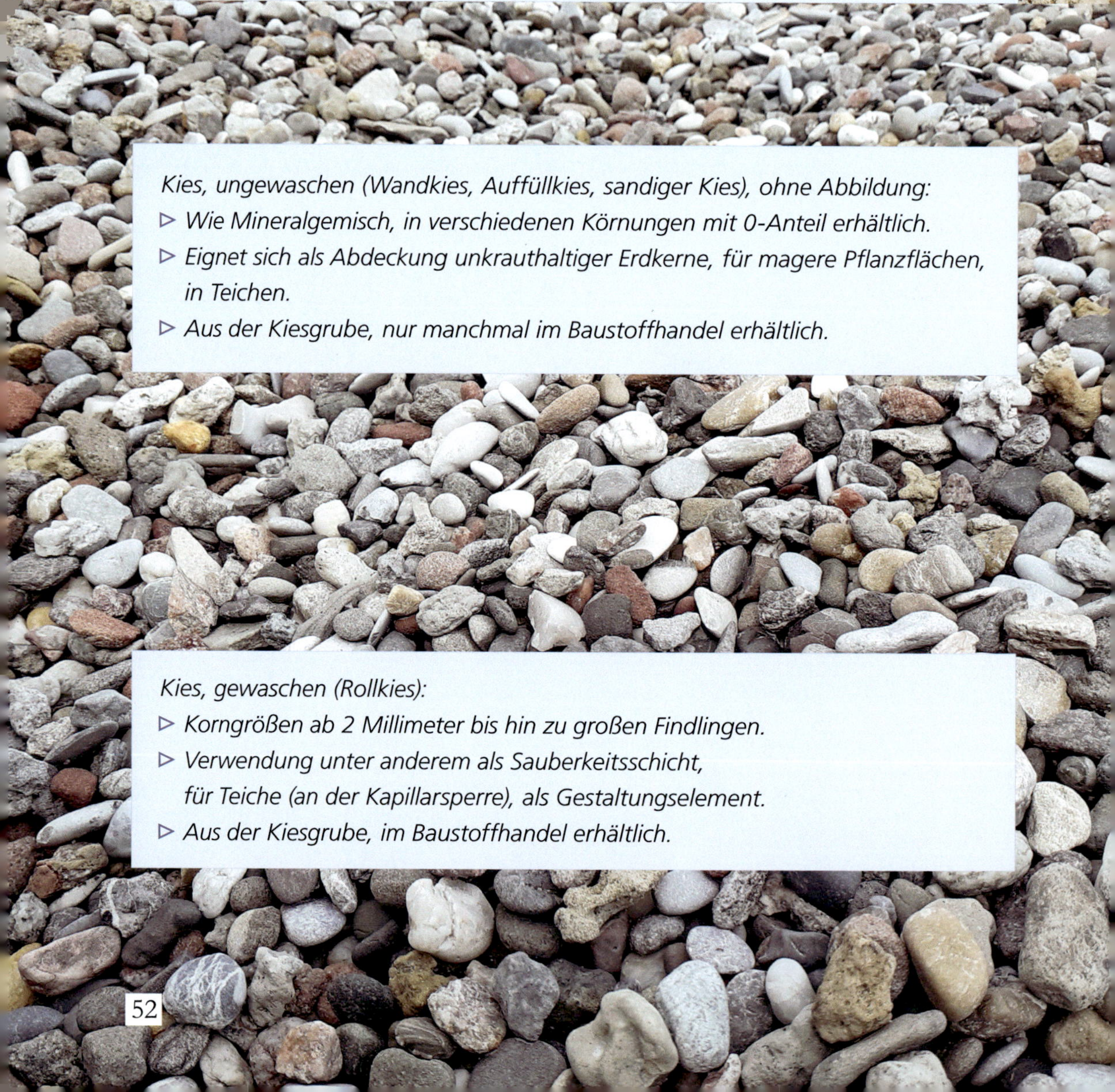

Kies, ungewaschen (Wandkies, Auffüllkies, sandiger Kies), ohne Abbildung:

- ▷ *Wie Mineralgemisch, in verschiedenen Körnungen mit 0-Anteil erhältlich.*
- ▷ *Eignet sich als Abdeckung unkrauthaltiger Erdkerne, für magere Pflanzflächen, in Teichen.*
- ▷ *Aus der Kiesgrube, nur manchmal im Baustoffhandel erhältlich.*

Kies, gewaschen (Rollkies):

- ▷ *Korngrößen ab 2 Millimeter bis hin zu großen Findlingen.*
- ▷ *Verwendung unter anderem als Sauberkeitsschicht, für Teiche (an der Kapillarsperre), als Gestaltungselement.*
- ▷ *Aus der Kiesgrube, im Baustoffhandel erhältlich.*

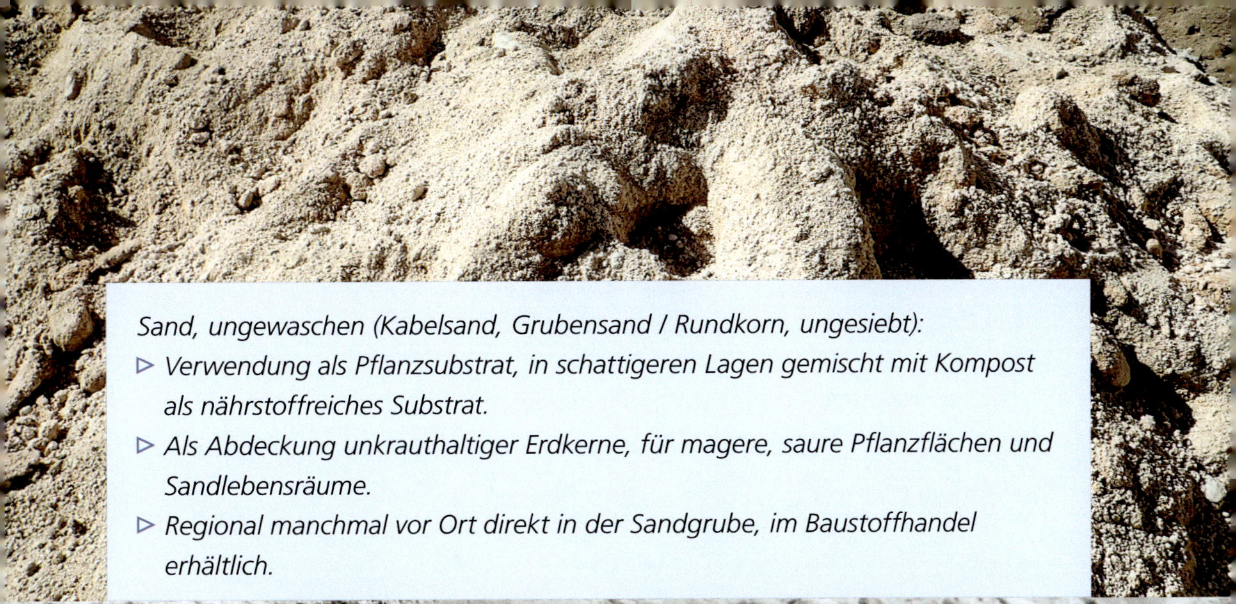

Sand, ungewaschen (Kabelsand, Grubensand / Rundkorn, ungesiebt):

- ▷ *Verwendung als Pflanzsubstrat, in schattigeren Lagen gemischt mit Kompost als nährstoffreiches Substrat.*
- ▷ *Als Abdeckung unkrauthaltiger Erdkerne, für magere, saure Pflanzflächen und Sandlebensräume.*
- ▷ *Regional manchmal vor Ort direkt in der Sandgrube, im Baustoffhandel erhältlich.*

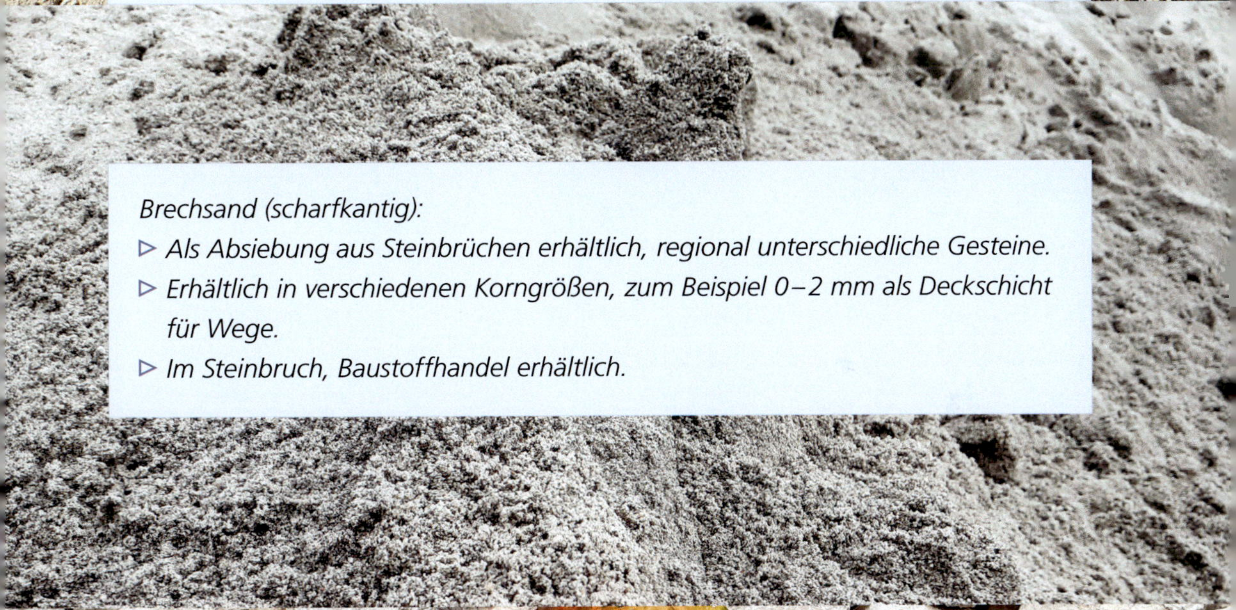

Brechsand (scharfkantig):

- ▷ *Als Absiebung aus Steinbrüchen erhältlich, regional unterschiedliche Gesteine.*
- ▷ *Erhältlich in verschiedenen Korngrößen, zum Beispiel 0–2 mm als Deckschicht für Wege.*
- ▷ *Im Steinbruch, Baustoffhandel erhältlich.*

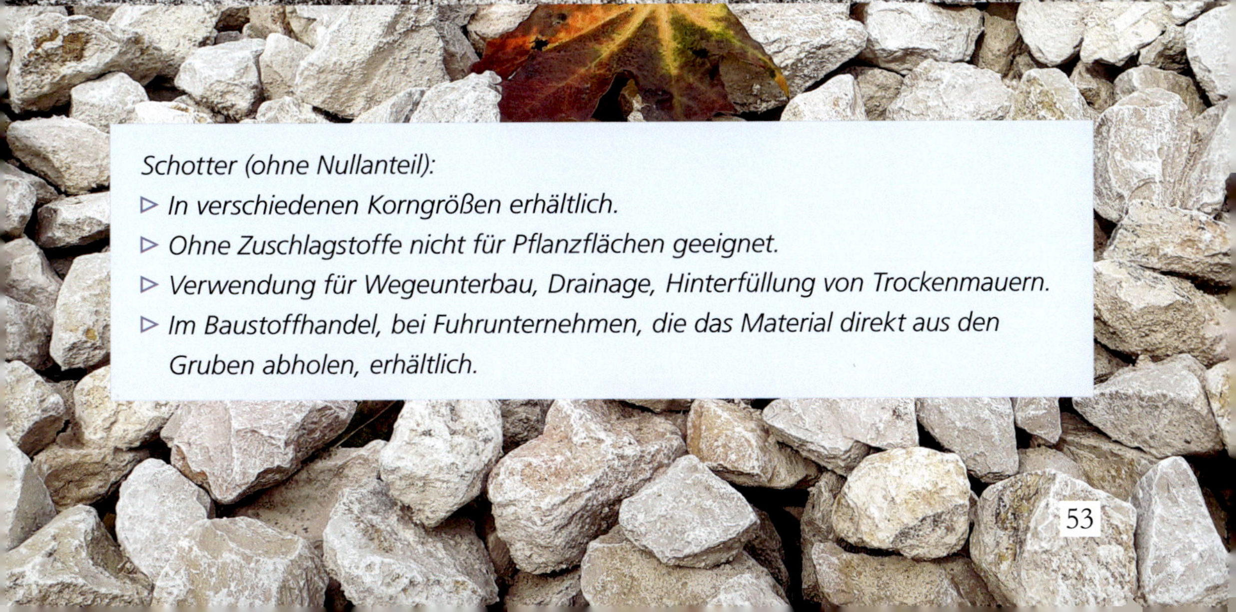

Schotter (ohne Nullanteil):

- ▷ *In verschiedenen Korngrößen erhältlich.*
- ▷ *Ohne Zuschlagstoffe nicht für Pflanzflächen geeignet.*
- ▷ *Verwendung für Wegeunterbau, Drainage, Hinterfüllung von Trockenmauern.*
- ▷ *Im Baustoffhandel, bei Fuhrunternehmen, die das Material direkt aus den Gruben abholen, erhältlich.*

Splitt (mit und ohne Nullanteil):

- *Ursprungsmaterialien sind unterschiedliche Gesteine (Kalk, Basalt, Granit ...).*
- *Erhältlich in verschiedenen Korngrößen, zum Beispiel 0–4 mm, 2–4 mm.*
- *Verwendung als Bettung für Pflasterungen, als Stabilisator zum Mischen von Substraten mit Sand oder Kompost.*
- *Im Baustoffhandel, bei Fuhrunternehmen erhältlich.*

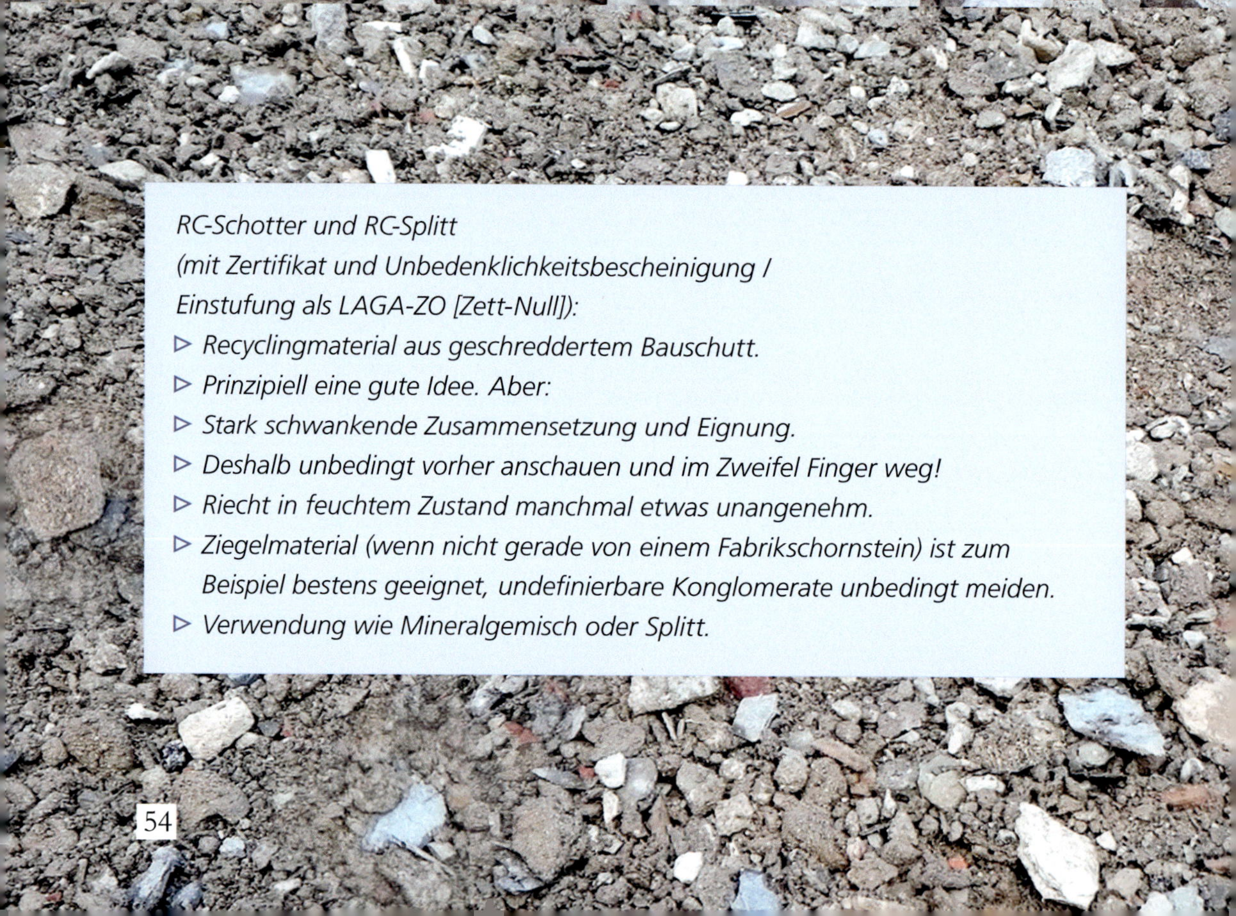

RC-Schotter und RC-Splitt
(mit Zertifikat und Unbedenklichkeitsbescheinigung / Einstufung als LAGA-ZO [Zett-Null]):

- *Recyclingmaterial aus geschreddertem Bauschutt.*
- *Prinzipiell eine gute Idee. Aber:*
- *Stark schwankende Zusammensetzung und Eignung.*
- *Deshalb unbedingt vorher anschauen und im Zweifel Finger weg!*
- *Riecht in feuchtem Zustand manchmal etwas unangenehm.*
- *Ziegelmaterial (wenn nicht gerade von einem Fabrikschornstein) ist zum Beispiel bestens geeignet, undefinierbare Konglomerate unbedingt meiden.*
- *Verwendung wie Mineralgemisch oder Splitt.*

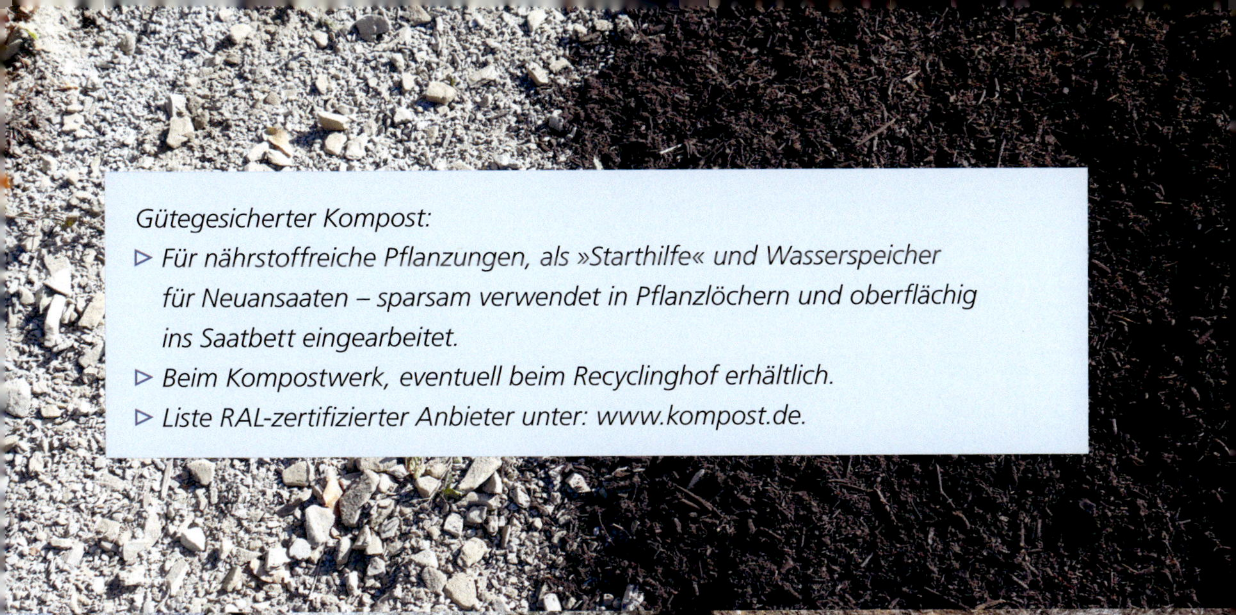

Gütegesicherter Kompost:

- *Für nährstoffreiche Pflanzungen, als »Starthilfe« und Wasserspeicher für Neuansaaten – sparsam verwendet in Pflanzlöchern und oberflächig ins Saatbett eingearbeitet.*
- *Beim Kompostwerk, eventuell beim Recyclinghof erhältlich.*
- *Liste RAL-zertifizierter Anbieter unter: www.kompost.de.*

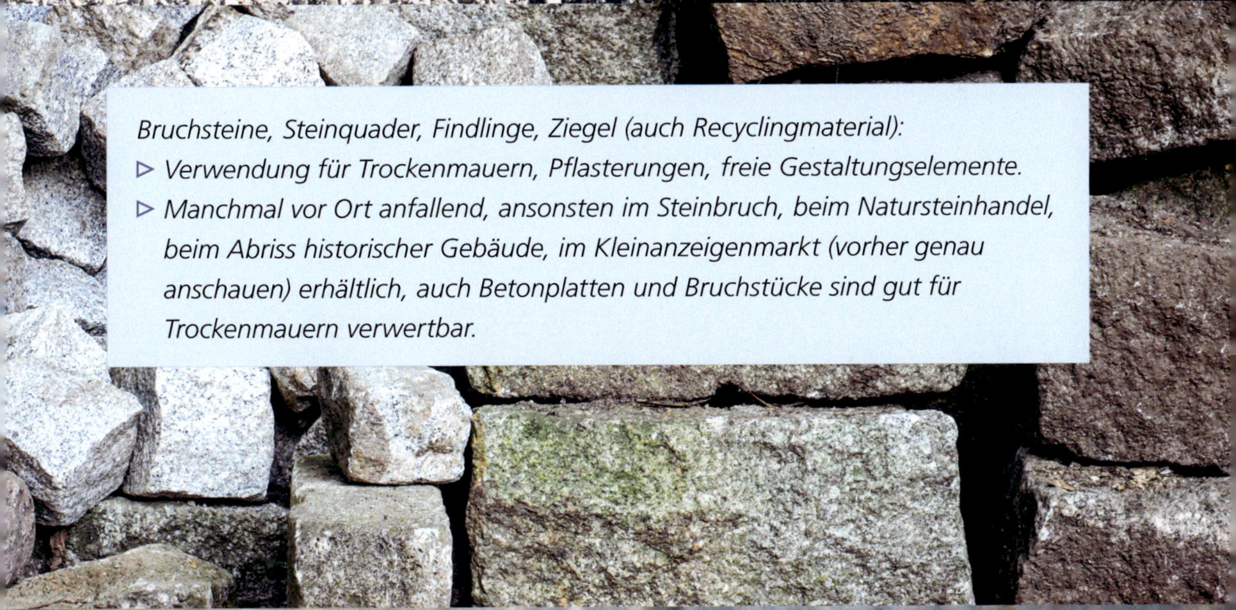

Bruchsteine, Steinquader, Findlinge, Ziegel (auch Recyclingmaterial):

- *Verwendung für Trockenmauern, Pflasterungen, freie Gestaltungselemente.*
- *Manchmal vor Ort anfallend, ansonsten im Steinbruch, beim Natursteinhandel, beim Abriss historischer Gebäude, im Kleinanzeigenmarkt (vorher genau anschauen) erhältlich, auch Betonplatten und Bruchstücke sind gut für Trockenmauern verwertbar.*

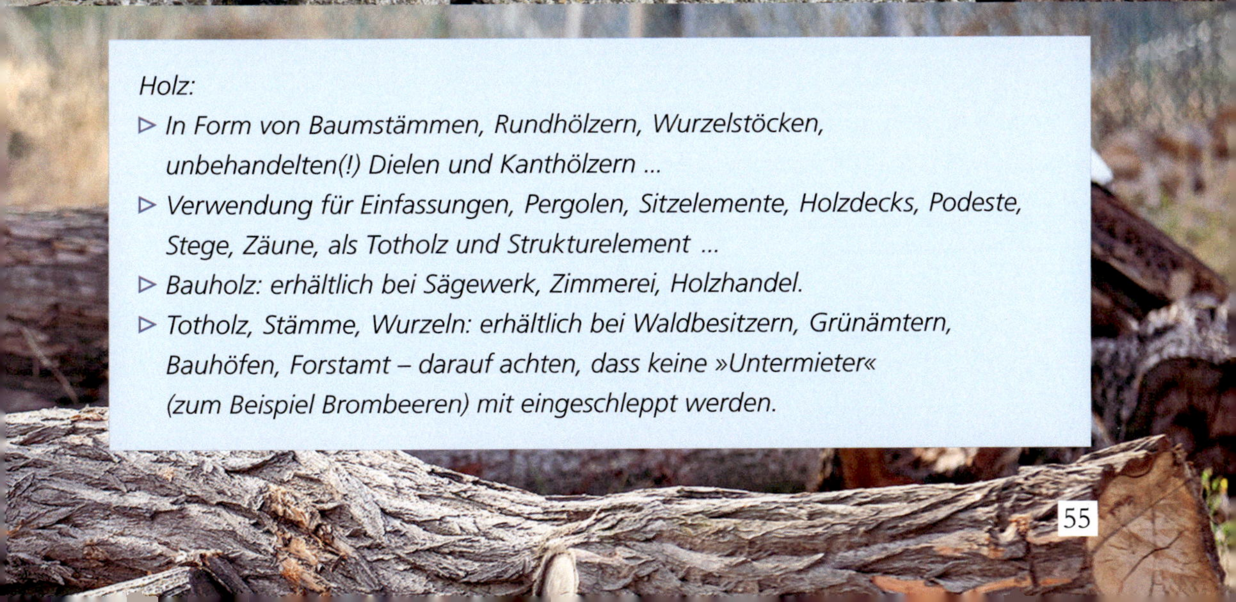

Holz:

- *In Form von Baumstämmen, Rundhölzern, Wurzelstöcken, unbehandelten(!) Dielen und Kanthölzern …*
- *Verwendung für Einfassungen, Pergolen, Sitzelemente, Holzdecks, Podeste, Stege, Zäune, als Totholz und Strukturelement …*
- *Bauholz: erhältlich bei Sägewerk, Zimmerei, Holzhandel.*
- *Totholz, Stämme, Wurzeln: erhältlich bei Waldbesitzern, Grünämtern, Bauhöfen, Forstamt – darauf achten, dass keine »Untermieter« (zum Beispiel Brombeeren) mit eingeschleppt werden.*

Im Naturgarten finden Gesteine verschiedenster Art und Körnung Verwendung

Was sagt die Bezeichnung über das Material aus?

Mineralgemisch, häufig auch »Mineralbeton« genannt, wird im Naturgartenbau sehr gerne verwendet. Dabei handelt es sich nicht – wie der Name vermuten lässt – um zementhaltigen Beton, sondern um ein Gemisch aus unterschiedlich großen Gesteinskörnern, die bei entsprechender Verdichtung aber »betonhart« werden können.

Wie auch Schotter, Sand oder Kies wird Mineralbeton in verschiedenen Körnungen angeboten. Die Körnung definiert die jeweils gröbsten und jeweils feinsten Bestandteile des Schüttgutes. So besagt eine Körnung »0/22«, dass das Material durch ein Sieb mit Lochgröße von 22 Millimetern geschüttet wurde. Somit besteht es aus maximal 22 Millimeter großen Körnern oder Steinen und die kleinsten Anteile sind mit 0 Millimeter staubfein. Diese feinen Anteile sind für die spätere Bepflanzung entscheidend, denn nur mit ihrer Hilfe kann die Pflanze Anschluss an die Bodenfeuchtigkeit gewinnen. »Gewaschene« Materialien (sie enthalten keine »Stäube«) sind aus diesem Grund für Pflanzflächen auch nur dann geeignet, wenn ausreichend feinteiliges Material, zum Beispiel Kompost oder lehmiger Sand, zugemischt wird. Das Gleiche gilt für Körnungen wie 16/32. In diesem Fall misst das kleinste Korn etwa 16 Millimeter, das größte 32 Millimeter.

Je nach Region können Schotter, Splitt oder Mineralbeton ebenso wie die lokalen Bruchsteine aus ganz unterschiedlichem Gestein bestehen. Die Körnung und Bezeichnungen wie »Schotter« oder »Splitt« beschreiben also nur

Bild rechts: Moore sind als Lebensraum und CO_2-Speicher unersetzlich

die Aufarbeitung des Materials, aber nicht, woraus es besteht. So ist in Mittelfranken zum Beispiel fast weißer Kalkschotter üblich, während Schotter in Hessen eher aus dunkelgrauem Basaltgestein besteht.

No-Gos

Torfhaltige Erden sind tabu, denn Torf gehört ins Moor. Dort ist er unersetzlich für dieses sensible Ökosystem und dient als CO_2-Speicher. Nur Erden, die ausdrücklich als »torffrei« gekennzeichnet sind, enthalten wirklich keinen Torf. Das gilt übrigens auch für Bio-Erde.

»Saure« Substrate mit niedrigem pH-Wert (zum Beispiel für ein Moorbeet) kann man aus reifem Eichenlaubkompost oder Nadelkompost selbst mischen. Es gibt auch torffreie Moorbeetsubstrate als Sackware im Handel.

Steine aus Übersee verbieten sich aus Gründen der langen Transportwege und oft unfairer Arbeitsbedingungen bis hin zu Kinderarbeit und Lohnsklaverei in den Herkunftsländern. Einzige Ausnahme: Material aus dem Recyclingkreislauf. Pflasterungen lassen sich zum Beispiel sehr gut aus recycelten Baustoffen herstellen. Alte Beton-, Ziegel- oder Natursteine und -Platten erhalten so ein zweites Leben. Man kann sie oft über Kleinanzeigenmärkte günstig oder sogar kostenlos gegen Abholung bekommen. Auch Trockenmauern lassen sich daraus hervorragend aufschichten.

Die dritte Dimension

Ob Sitzplatz oder Hohlweg – schon kleine Höhenunterschiede schaffen neue Räume

Mit Höhen und Tiefen

Besonders reizvolle Landschaften in freier Natur bestechen oft durch ihre Höhen und Tiefen, die geschützte Räume bilden oder eine schöne Aussicht bieten.

Darauf wollen wir auch im Garten nicht verzichten. Die Raumbildung durch Modellierungen von Hügeln und Senken lässt auch kleinste Gärten größer und abwechslungsreicher wirken. Durch die geschickte Verschiebung der Sichtachsen in der Höhe können unschöne Ansichten »verschwinden« und effektiver Sichtschutz kann erreicht werden. Dafür müssen nicht unbedingt hohe, oft unansehnlich als Fremdkörper wirkende Wände gebaut werden. Sitzplätze in Vertiefungen, als Senkgarten angelegt, wirken sehr intim und heimelig. Sie bieten einen auch vor unangenehmem Wind geschützten Raum. Der Blick geht dann in die umgebende Vegetation, anstatt auf den vielleicht gegenüberliegenden Parkplatz. Das wirkt viel einladender als die weithin üblichen Terrassen auf dem »Feldherrenhügel« am Haus.

Sichtschutz durch Veränderung
der Sichtachse im Senkgarten

Soll der Sitzplatz direkt am Haus und erhöht liegen, lässt er sich durch eine Einrahmung aus erhöhten Beeten mit reichem Blütenflor in die Umgebung einbinden. Hügelstrukturen eignen sich auch hervorragend, um Spielraum für Kinder zu schaffen, für die es kaum einen beliebteren Spielort gibt als einen großen Erdhaufen, in dem sie nach Herzenslust graben dürfen. Kombiniert mit einem Kletterstamm, einer Hanghöhle und einem »Sandsee« in einer Mulde, lassen sich so recht einfach ganze Spielwelten erschaffen. Sind die Kinder größer, kann der ehemalige »Burgberg« dann üppig bepflanzt werden und aus dem Sandsee wird vielleicht ein Teich oder ein Sandlebensraum.

Auch schon kleine Höhenunterschiede von 30 – 50 cm können sehr reizvoll sein. So lassen sich Wege als »Hohlwege«, die Bergpfaden nachempfunden werden, anlegen. Und Teiche wirken am natürlichsten, wenn sie in einer leichten Mulde eingebettet werden, so als würde das Wasser dort von selbst zusammenlaufen.

Weg durch Hügel – neu angelegt und nach einem Jahr

Gartenräume lassen sich auf verschiedenen Ebenen anlegen, vorhandene Höhenunterschiede durch Terrassierungen gestalten. In der Höhenstaffelung können regelrecht Kulissen entstehen, die als räumliche Gartenbilder wirken. Der Fantasie sind dabei kaum Grenzen gesetzt. Gleichsam als hochwillkommener Nebeneffekt entstehen auf diese Weise auch ganz unterschiedliche

Von links nach rechts:
die Entstehung des Gartens, der auf den Seiten 58 und 59 zu sehen ist

Mikroklima-Räume, die zur Vielfalt beitragen. So herrscht auf der Südseite eines Hügels ein anderes Klima als auf der Schattenseite, obenauf ein trockeneres Milieu als am eher feuchten Fuß.

Bei Umgestaltungen und Neuanlagen lässt sich in Hügel und Wälle außerdem wunderbar der anfallende Oberboden einbauen. Zweierlei – wichtig! – vorausgesetzt: Der Oberboden ist erstens frei von aggressiven Wurzelunkräutern wie Giersch *Aegopodium podagraria* oder Schachtelhalm *Equisetum*. Und er wird zweitens mit einer 20–30 cm dicken unkrautfreien Substratschicht sorgfältig abgedeckt. (Boden mit Wurzelunkräutern lässt man besser abfahren oder baut ihn mindestens 50 Zentimeter tief ein.)

Schon kleinste Erhebungen schaffen neue Vielfalt und unterschiedlichste Standorte

Sichtschutz durch Modellierungen – so wird's gemacht

Durch die Veränderung des Raumprofils lassen sich die Einblicke und Ausblicke im jeweiligen Gartenbereich steuern. So bietet ein Senkgarten mit umliegender Bepflanzung sowohl Sichtschutz von außen als auch vom Senkgarten heraus: Anstatt bei ebenerdiger Gestaltung zum Beispiel auf die Straße, trifft der Blick nun direkt auf die Pflanzen.

Dieser gestalterische Kniff eignet sich besonders gut für kleine Gärten. Bei mehr Platz kann durch einen kleinen Wall von 50 – 100 cm Höhe und passende Bepflanzung ebenfalls ein sehr angenehmer Sichtschutz gestaltet werden. Damit sich ein ungestützter Wall harmonisch einfügt, sollte das Steigungsverhältnis nicht größer sein als 2:1. Das bedeutet zwei Meter Anlauf auf jeder Seite für einen Meter Höhe. Weil nur selten so viel Raum zur Verfügung steht, befestigen und gliedern wir die Böschungen zum Beispiel mit Trockenmauern oder Baumwurzeln und können so auch zusätzlichen Lebensraum für Kleintiere schaffen.

Allgemein ist ein Sichtschutz direkt an dem Ort, der nicht einsehbar werden soll, effektiver als eine blickdichte Einfriedung in einiger Entfernung an der Grundstücksgrenze. Er kann meist deutlich niedriger ausfallen, um seinen Zweck zu erfüllen. Idealerweise entstehen dadurch Gartenräume, die eine große Geborgenheit ausstrahlen, anstelle einer abweisenden, hohen Mauer um den ganzen Garten.

Das tut auch dem Ortsbild gut.

Pflanzen in ihrer ganzen Vielfalt –
heimisch
und wild

Schlafende Wildbienen in Malvenblüte

Alleskönner und Spezialisten

Von tierischen Gourmets und Fast-Food-Anhängern

Mit dem Essen ist das ja so eine Sache: Nicht jedem schmeckt alles, manche haben Unverträglichkeiten und andere futtern, was auf den Tisch kommt. Im Tierreich und speziell bei den Insekten ist das ganz ähnlich wie bei uns, nur dass die kleinen Sechsbeiner bereits von der Evolution ihre speziellen Vorlieben quasi im Gepäck mitbekommen haben. Daher haben sie keine andere Wahl, als »ihre« Pflanzen aufzusuchen. Besonders signifikant sind dabei die Wildbienen.

Etwas mehr als die Hälfte unserer rund 560 heimischen Wildbienen-Arten sind recht unkompliziert: Sie werden von den Pollen der Sonnenblume *Helianthus* oder der Gattung *Phacelia* aus Nordamerika genauso satt wie von denen einer heimischen Flockenblume *Centaurea*. Solche, auch Generalisten oder Polylekten genannten Arten sind recht häufig anzutreffen. Zu ihnen gesellen sich auch die Honigbienen (übrigens ein gut behütetes und versorgtes Haustier, kein Wildtier) oder viele Hummeln – sie können mit praktisch allem, was Pollen oder Nektar bietet, etwas anfangen.

Zaunrüben-Sandbiene (links) und Knautien-Sandbiene mit typisch rosa Pollenvorrat (rechts)

Doch knapp die Hälfte der Wildbienenarten besetzt bestimmte ökologische Nischen. Sie benötigen zum Beispiel Pflanzen einer bestimmten Pflanzenfamilie, wie die der Korbblüter *Asteraceae,* zu denen Gänseblümchen, Margeriten oder Wegwarten zählen. Andere Wildbienenarten sind auf eine Pflanzengattung, zum Beispiel die der Glockenblumen *Campanula,* spezialisiert und besuchen nur diese. Und dann gibt es noch die hochspezialisierten, sogenannten strengen Oligolekten, die eine einzige, ganz bestimmte Pflanzenart brauchen, um ihr Überleben zu sichern.

Dazu kommen dann noch bestimmte Ansprüche an den Lebensraum, zum Beispiel den Platz, an dem die Brut abgelegt wird, oder bestimmte Materialien, die zum Bau der Niströhren benötigt werden. So gibt es Wildbienen, deren Name schon fast alles über sie verrät: Die Glänzende Natternkopf-Mauerbiene benötigt den Gewöhnlichen Natternkopf *Echium vulgare* als Futterpflanze und legt ihre Eier in Brutröhren, die sie mit einem Kitt aus Lehm »vermauert«, während die Knautien-Sandbiene ausschließlich Knautien und Skabiosen besucht, deren Pollen sie in ihren im Sand gegrabenen Brutgängen einlagert. Die vom Aussterben bedrohte Mohn-Mauerbiene »tapeziert« ihre Brutgänge im Sand mit frischen Mohnblütenblättern, während die Zweifarbige Schneckenhaus-Mauerbiene ihre Brut in Schneckenhäuser legt, die sie fein säuberlich mit Reisig abdeckt.

Schwalbenschwanz auf Nektarspender Nachtviole (Hesperis matronalis) –
die prächtige Raupe bevorzugt Doldenblütler wie Pastinake (Pastinaca sativa) oder Wilde Möhre (Daucus carota)

Nur dort, wo eine große Vielfalt an heimischen Pflanzen und ein großer Strukturreichtum (Sand, Steine, Holz, Wasser ...) aufeinandertreffen, finden auch solche – oft vom Aussterben bedrohte – Spezialisten ihr Auskommen. Daher dienen sie auch in der Wissenschaft als Indikatoren für den ökologischen Wert einer Fläche.

Doch nicht nur Wildbienen, auch Schmetterlinge brauchen das Zusammenspiel mehrerer Faktoren für eine erfolgreiche Fortpflanzung: Neben ausreichend Nektarpflanzen (auch hier gibt es ausgesprochene Gourmets) benötigen sie vor allem Raupenfutterpflanzen, auf denen sie ihre Eier ablegen können, und geschützte Winkel zur Verpuppung und Überwinterung.

Auch bei den Vögeln gibt es bestimmte Vorlieben: So heißt der Stieglitz nicht ohne Grund auch Distelfink. Wer die distelähnliche Wilde Karde *Dipsacus fullonum* in seinen Garten holt, hat sehr gute Chancen, auch bald diesen hübschen bunten Vogel zu sehen. Rotkehlchen dagegen brüten in dichten Hecken und lieben die Beeren des Pfaffenhütchens *Euonymus europaea.*

Pflanzen wir Nachtfalterpflanzen wie Seifenkraut *Saponaria officinalis* oder Wildnelken, zum Beispiel Rote Lichtnelke *Silene dioica* oder Weiße Lichtnelke *Silene latifolia*, haben auch die Fledermäuse genug Nahrung.

So lässt sich für zahlreiche Tiere ein Zusammenspiel verschiedener Faktoren nennen, das sie zum Erhalt ihrer Art benötigen. Wer sie berücksichtigt, kann buchstäblich »Tiere pflanzen«.

Je mehr Vielfalt in Bepflanzung und Struktur wir im Garten vorhalten, desto größer ist die Chance, auch gefährdeten Arten einen Lebensraum zu bieten. Exotische Pflanzen – auch wenn sie, wie die allgegenwärtige Forsythie *Forsythia × intermedia,* schon in Omas Garten zu finden waren – entpuppen sich da oft als regelrechte Mogelpackungen. So lockt der auch »Goldglöckchen« genannte Strauch aus Asien Insekten im zeitigen Frühjahr von weit her mit seinen gelben Blüten an. Doch er bietet ihnen überhaupt keinen lebens-

Besser als Forsythie: die Kornelkirsche (Cornus mas)

Blattschneiderbienen-Sägespuren an Rosenblatt

wichtigen Pollen, weil er durch Zucht steril ist. Die Tiere haben ihre Kraft vergeudet und nicht wenige bezahlen das Umherirren mit ihrem Leben, wenn sie nicht rechtzeitig noch eine Kornelkirsche *Cornus mas,* eine Weide *Salix* oder Ähnliches finden, um »auftanken« zu können.

Im Garten gehört auch die notwendige Gelassenheit im Umgang mit »Schädlingen« oder bei der Notwendigkeit, den Garten »aufzuräumen«, dazu. Deswegen ärgern wir uns auch nicht, wenn ein paar Blättchen eines Gehölzes oder eine Blüte angeknabbert sind. So sehen wir immerhin, dass sie Teil eines funktionierenden Ökosystems sind und ihre Funktion als Futtertisch erfüllen.

Wichtig

Auch wenn die Versuchung groß ist: Entnehmen Sie keine Wildpflanzen der freien Natur. Auch nicht in kleiner Anzahl.

Seriöse Wildpflanzenproduzenten betreiben einen hohen Aufwand, genetisch vielfältige Stauden zu ziehen, die – im Gegensatz zu Wildentnahmen – problemlos im Garten anwachsen. Das sollte uns auch einen angemessenen Preis wert sein. Zumal man die meisten Arten dann im Garten problemlos selbst weitervermehren kann.

Und dann gibt es auch noch viele Naturgärtner und Naturgärtnerinnen, die gerne überzählige Pflanzen aus dem Garten an Gleichgesinnte abgeben oder bei Pflanzenbörsen anbieten.

Saatgut kann man außerhalb von Naturschutzgebieten sammeln, wobei es sich von selbst versteht, dass man immer nur einen kleinen Anteil reifer Samen oder Samenkapseln mitnimmt. Es lohnt sich aber auf jeden Fall, im Sommer bei Spaziergängen immer ein paar Tütchen für den sicheren Samen-Transport einzustecken.

Schön ist die Rose 'Bardolino' (links), ihr ökologischer Wert ist – im Vergleich zu dem der Wildrosen (hier rechts die Bibernellrose, Rosa pimpinellifolia) – aber eher gering, außerdem fordert sie mehr Aufmerksamkeit bei der Pflege

Was macht heimische Wildpflanzen so wertvoll?

Die Sammel- oder Kauwerkzeuge vieler Insekten sind perfekt auf bestimmte Blütenformen oder den Verzehr bestimmter Blätter abgestimmt. So besitzen Schmetterlinge einen langen Rüssel, um Nektar auch aus tiefen Blütenkelchen, wie denen der Wildnelken, schlürfen zu können. Trotzdem sind die tiefen Blütenböden einiger besonders großblütiger Zuchtformen des Salbeis – und anderer Zuchtformen – unerreichbar und wertlos für sie.

Viele gefüllt blühende Sorten und Hybriden (durch züchterische Kreuzung entstanden) sind auch steril: Sie besitzen keine pollentragenden Staubgefäße und fruchten nicht. Die Staubgefäße haben sie durch Zucht verloren, stattdessen zusätzliche Blütenblätter bekommen. Vermehrt werden sie züchterisch (vegetativ) über Stecklinge, wodurch genetisch identische Klone entstehen, die sich auch nicht an veränderte Umwelteinflüsse anpassen können.

Andere exotische Pflanzen wie der Schmetterlingsflieder *Buddleja davidii* bieten zwar für einige häufige Arten gut erreichbaren Nektar, sind aber als Raupenfutter nicht zu gebrauchen. Der Sommerflieder ist zudem potentiell invasiv, in manchen Gegenden hat er sich bereits immens ausgebreitet (zum Beispiel an vielen Bahndämmen) und verdrängt dort die heimische Flora.

Wo es keine Insekten und Wildfrüchte gibt, finden auch Vögel oder Kleinsäuger keine Nahrung. Weil sich Hybriden nicht oder nicht sortenecht versamen, muss man immer wieder neue Pflanzen kaufen. Zudem stammen viele dieser Arten aus anderen Klimaregionen und sind bei uns nicht winterhart. So werden die in Gewächshäusern mit viel Energie, Dünger, Pestiziden und Torf produzierten Pflanzen entweder immer wieder ersetzt oder sie müssen aufwendig in der kalten Jahreszeit geschützt werden.

Wildpflanzen dagegen sind im Naturgarten nicht nur buntes Zierwerk – nein, sie sind der Kern, der eigentliche Sinn, die Hauptdarsteller der Anlage. Anstatt mit bunten Knalleffekten, überzeugen sie oft mit feenhaft-filigraner Schönheit, die sich manchmal erst auf den zweiten Blick erschließt. Wer sie aber einmal für sich entdeckt, erliegt hoffnungslos ihrem Charme und ihrer Vitalität. Ohne heimische Pflanzen gibt es keine Artenvielfalt. Und je vielfältiger unsere Pflanzenauswahl, desto lebendiger wird der Garten mit tierischen Gästen bevölkert werden.

Netz einer Spinne – im ökologischen Netzwerk ist auch jede Pflanze ein wichtiger Knotenpunkt, hier das Taubenkropf-Leimkraut (Silene vulgaris)

Vom großen Solitärbaum bis zum Fugenwinzling in der Trockenmauer – jede Pflanzenart ist ein Knoten im ökologischen Netz des Lebens, das wir in unserem Garten weben wollen. Je mehr wir davon haben, desto stabiler das Netz, desto weniger anfällig ist der Garten für Störungen. Sinnvoll ist es dabei, nicht nur eine Staude pro Art zu setzen, sondern mehrere Stauden pro Art in Gruppen. Das sieht nicht nur schöner aus – Einzelpflanzen sind für Wildbienen oder Schmetterlingsraupen meist auch zu wenig, um wirksam zu werden.

Das Herz und die Seele des Naturgartens sind also die Pflanzen. Anders als im konventionellen Garten werden sie nicht allein wegen ihres Aussehens gewählt, sondern auch, weil sie daneben noch wichtige Funktionen erfüllen: als Futterpflanze (Blätter, Blüten, Früchte), als Nist- und Schutzraum oder als Baumaterial für tierische Behausungen. Bei der Gestaltung eines Naturgartens bilden die gebauten Strukturen den passenden Rahmen für die Pflanzen:

Aurorafalter saugt an Esparsette

Beete, Mauern oder Teiche werden erst durch die vielgestaltigen Bilder der Pflanzen vollendet. Sie sind das lebendige Herz, das alles am Leben erhält. Ohne heimische Wildpflanzen geht gar nichts!

Pflanzen als Partner der Tierwelt

Darin unterscheidet sich ein naturnah angelegter Garten elementar von vielen traditionell gestalteten Grundstücken, wo allzu oft teure Baustoffe aus aller Herren Länder, unterstützt von mehr oder weniger geschmackvollen Dekorationsstücken, die zentrale Rolle spielen.

Aber: Kein Tier kann auch der schönsten Freitreppe aus Carrara-Marmor oder der Skulptur aus Kunststein nur ansatzweise etwas abgewinnen. Ein kleines Pflänzchen aber – und sei es »nur« das eher unscheinbare Wiesen-Schaumkraut *Cardamine pratensis* oder die manchmal als »Unkraut« abgetane Knoblauchsrauke *Alliaria petiolata* – kann den Nachkommen des Aurorafalters als Raupenfutter dienen und trägt damit zum Erhalt dieses schönen Schmetterlings bei.

Unsere heimischen Pflanzen haben sich in der jahrtausendelangen gemeinsamen Evolution mit ihren tierischen Begleitern zu einem wunderbaren tragfähigen ökologischen Netz verwoben. So ist im Schnitt jede heimische Pflanzenart mit mindestens zehn Tierarten auf irgendeine Weise verbunden. Umgekehrt sind viele Pflanzen auf Bestäubung oder Verbreitung ihrer Samen durch die Tierwelt angewiesen.

Bild rechts: Einjähriger Flor mit Klatschmohn (Papaver rhoeas) und Bitterer Schleifenblume (Iberis amara)

Dagegen werden exotische Pflanzen für unsere Gärten aus ihrem natürlichen Umfeld gerissen und stehen hierzulande oft recht verloren da. Auch ihre fehlende Anpassung an unser Klima, die Jahreszeiten oder den Boden macht sie im Garten oft zum Intensivpflegefall, der mit allerlei teuren Mittelchen aus der Gartenmarkt-Hexenküche permanent gepäppelt werden muss.

Der »Atlas der Farn- und Blütenpflanzen Deutschlands«, ein botanisches Standardwerk, listet über 4000 heimische Pflanzen auf. Geht man davon aus, dass nur ein Viertel davon unseren Ansprüchen an Ästhetik und gärtnerische Standorte gerecht wird, bleibt immer noch eine recht passable Anzahl an Wildpflanzen für den naturnahen Garten übrig. Schließlich sind heimische Pflanzen erfreulich unkompliziert. Am richtigen Standort platziert, danken sie mit Robustheit, brauchen keinen Winterschutz und vermehren sich auch noch bereitwillig. Wildpflanzen überstehen auch längere Trockenperioden meist sehr gut.

Ja, man könnte auch sagen, sie sind dankbar. Dankbar dafür, dass wir sie dort wachsen lassen, wo sie hingehören. Darunter sind jede Menge echte Schönheiten und Raritäten. Wir müssen sie nur noch für uns entdecken!

Die Strategien der Pflanzen

Um unsere Pflanzen besser zu »verstehen« und funktionierende Pflanzengesellschaften zusammenstellen zu können, sollte man die drei grundlegenden Strategien (nach Grime et al. 1988) unserer Pflanzen kennen, die sich im Lauf der Evolution entwickelt haben.

Die Ruderalen – die R-Strategen

Die Ruderalen sind die Blitzstarter unter den Pflanzen. Kaum gibt es ein freies Fleckchen Erde, stehen die Pioniere bereit, es zu besetzen. Sie sind oft Windbestäuber und verteilen ihre Samen aufs großzügigste in der Hoffnung, »unbewohnte« Flächen zu erobern. Sie wachsen schnell und blühen üppig (manchmal schon nach sechs Wochen). Zu ihnen zählen viele Ackerwildkräuter und unsere »Zauberpflanzen« (siehe Seite 79), die erste wunderbare Blühaspekte bei Neuanlagen malen können. Bekommen sie Konkurrenz, räumen sie ebenso schnell das Feld, wie sie gekommen

sind – sie leben nur eine Saison lang. Wird die Fläche von Konkurrenten bewachsen, verschwinden sie. Sie hinterlassen aber ihre langlebigen Samen im Boden, die bei erneuten Störungen schnell wieder keimen können. Leider gibt es unter den Ruderalstrategen auch einige lästige »Un«-Kräuter (siehe Seiten 162, 170).

▷ *Beispiele für R-Strategen: Mohn, Kornblume, Bittere Schleifenblume, Kornrade …*

Die Konkurrenzstarken – die C-Strategen

Die C-Strategen (von engl. »competitors«) sind die »Kraftprotze« unter den Pflanzen. Sie kommen eher langsam, wenn sie aber etabliert sind, fahren sie die Ellenbogen aus und verdrängen alle, die schwächer sind als sie. Sie sind ausdauernd, bilden mitunter viel Biomasse, oft Speicherorgane oder Ausläufer, dagegen eher wenige Samen. Sie können schon mal zum Problem werden, wenn sie auf schwächere Mitpflanzen treffen, und bevorzugen nährstoffreiche, »gute« Böden, aus denen sie ihre Kraft ziehen. Störungen mögen sie dagegen nicht besonders gern.

Im Garten können sie eine gute Wahl für »schwierige Verhältnisse« sein, da sie oft eine recht hohe Standortamplitude haben, also an unterschiedlichen Standorten gut zurechtkommen, solange es genügend Nährstoffe und Feuchtigkeit gibt. Sind sie unter ihresgleichen, können sich durchaus schöne Bestände ergeben. Also ein guter Tipp, zum Beispiel fürs »Gierschbeet«.

▷ *Beispiele für C-Strategen: Echtes Seifenkraut, Rainfarn, Brennnessel, Waldziest …*

Echtes Herzgespann (Leonurus cardiaca) kann auch mal dominant sein

Blühender Giersch (Aegopodium podagraria)

Die Stresstoleranten – die S-Strategen

Die Stresstoleranten sind Pflanzen, die sich auf bestimmte Nischen spezialisiert haben, »wo sonst nichts wächst«, weil es zu trocken, zu nass, zu felsig, zu kalt, zu heiß, zu salzig, zu sandig oder durch Tritte beeinträchtigt ist. Unter ihnen finden wir echte Klimakünstler, die auch unter extremen Bedingungen gedeihen. Sie sind langlebig, wachsen aber eher langsam und bleiben meist gedrungen. Untereinander sind sie aufgrund ihrer niedrigen Ausbreitungsrate gute Nachbarn. Mit ihnen lassen sich – am jeweiligen Standort angepasst – schöne, wertvolle Pflanzungen, oft mit später Blütezeit, gestalten.

Ideal für Dachbegrünungen, als Fugenpflanzen in Mauern und Wegen oder für spezielle Standorte wie ein Alpinum oder Sandarium.

▹ *Beispiele für S-Strategen: Sandthymian, Felsennelke, Weißer Mauerpfeffer …*

Neben den drei Haupttypen gibt es dann auch noch Mischungen, zum Beispiel Stress-Ruderalstrategen oder Konkurrenz-Ruderalstrategen …

Bei der Anlage einer Pflanzung oder Ansaat sollten Sie auf die Strategietypen achten. Gute Saatmischungen weisen ein ausgewogenes Verhältnis auf.

Weißer Mauerpfeffer (Sedum album) kann auch extreme Standorte besiedeln

Kleine Tüte, große Wirkung

1. Projekt

Pflanzung oder Ansaat?

Einer der großen Vorteile von Wildpflanzen ist, dass sie sich bis auf wenige Ausnahmen recht unkompliziert aus Samen vermehren lassen. Das macht Ansaaten zu einer sehr praktischen und effektiven Methode bei der Anlage eines Naturgartens. Auch größere Flächen lassen sich auf diese Weise vergleichsweise kostengünstig und vielfältig gestalten. Wenn Sie bewährte, standortangepasste Mischungen verwenden, hält mit einer Ansaat eine große Vielfalt von zwanzig Arten, oft auch mehr, direkt Einzug in den Garten.

Warum werden dann nicht alle Gärten so angelegt? Nun, dafür gibt es mehrere Gründe. Der Wichtigste ist wohl: die Ungeduld des Menschen. Nicht immer möchte man wochen- bis monatelang warten, bis sich endlich eine – dann noch winzige – Pflanze zeigt. Bei manchen Arten kann es sogar Jahre dauern, bis sie sich entwickeln! Auch sind Ansaaten ziemlich empfindlich gegenüber Konkurrenten. Daher ist die Vorbereitung der Fläche für sie etwas aufwendiger als zum Beispiel für die Verlegung eines Rollrasens. Können Sie nicht für ein geeignetes, von Beikräutern befreites Saatbett sorgen, nehmen oft und bald unerwünschte Arten den Raum ein. Diese zu erkennen und mit geeigneten Pflegemaßnahmen (Jäten, Schröpfschnitt) in Schach zu halten, kann Neulinge leicht überfordern.

Die Kombination – säen und pflanzen!

Ein bewährter Weg, um innerhalb weniger Wochen ein attraktives Ergebnis genießen zu können, ist die Ansaat mit zusätzlicher Initialpflanzung bereits vorgezogener Pflanzen. Die gepflanzten Stauden können die Artenvielfalt der Einsaat auch sehr gut ergänzen – und es blüht gleich! Denn zweijährige Arten, die als Rosette gepflanzt werden, blühen noch im selben Jahr: wie Königskerzen *Verbascum,* Wilde Karde *Dipsacus fullonum* oder Natternkopf *Echium vulgare.* Sät man sie zeitgleich noch aus (rechtzeitig vor dem Sommer), entwickeln sich aus den Samen noch neue Rosetten, die dann im kommenden Jahr blühen, während die gepflanzten Zweijährigen mit ihren Samen für Nachwuchs

Ansaat mit Wald-Vergissmeinnicht (Myosotis sylvatica), Einjährigem Silberblatt (Lunaria annua) und Knoblauchsrauke (Alliaria petiolata)

Ansaat mit Gelber Resede (Reseda lutea) und Orangerotem Habichtskraut (Hieracium aurantiacum)

im Jahr darauf sorgen. (Zweijährige Arten bilden im ersten Jahr eine Blätterrosette, im zweiten Jahr blühen sie und sterben nach der Samenreife ab.)

Die Zwischenräume bei den Pflanzungen werden möglichst immer mit Ansaaten geschlossen (zum Beispiel mit einjährigen Ruderalarten, siehe Seite 79). Somit entfällt das sonst übliche Mulchen mit Holzhäckseln oder anderen Materialien (Ausnahme: Gemüsebeete im Nutzgarten).

Wählen Sie die Ansaat so, dass sie die zuvor gesetzten Pflanzen nicht überwuchert, oder lichten Sie gegebenfalls aus. Die Ansaat bedeckt den Boden und hält Beikräuter fern, die sich sonst an ihrer Stelle breitmachen würden. Denn offener Boden ist immer eine Einladung an die Natur, dort etwas wachsen zu lassen. Also suchen Sie sich selbst aus, was Sie dort haben möchten. Es dauert meist zwei bis drei Jahre, bis die Pflanzendecke in Staudenbeeten geschlossen ist. So lange müssen Sie jäten. Danach können Sie weitgehend unbeschwert entspannen. Die Pflege beschränkt sich dann auf eine ordnende Funktion.

Was kann ich säen?

Saatgutmischungen gibt es für beinahe jeden Standort. Die enthaltenen Arten sind aufeinander abgestimmt. Zum Beispiel für:

- Dachbegrünung (extensiv)
- Pflasterfugen
- Pflasterrasen, Schotterrasen
- Magerwiesen auf Sand oder Kalk
- Fettwiesen
- Feuchtwiesen
- Teichufer
- verschiedene Säume

Außerdem gibt es auch noch jede Menge Saatgut von einzelnen Arten von A bis Z im Handel, mit denen Mischungen ergänzt, eigene Mischungen oder auch Aspekte aus nur einer oder wenigen aufeinander abgestimmten Arten zusammengestellt werden können.

Aus Saatgutmischungen oder Einzelsaatgut entstanden:
- Wiesenansaat im dritten Standjahr (links),
- mit Thymian (Thymus) eingesäte Pflasterfugen
- und ein neu angelegter Garten mit Ansaaten im zweiten Standjahr (unten rechts)

Nelken-Leimkraut (Silene armeria)

Malen mit Zauberpflanzen

Einen besonderen Stellenwert haben dabei die »Zauberpflanzen«, also die schnell keimenden und schnell blühenden einjährigen Ruderalarten, die Neuanlagen bereits im ersten Jahr in einen wahren Farbenrausch versetzen können. Sie werden dann zwar bald von den langlebigeren Arten abgelöst und verschwinden nach zwei bis drei Jahren, aber das kann man gut verschmerzen, weil dann die ausdauernderen Arten übernommen haben.

Zu den Schnellstartern gehören zum Beispiel:

- Nelken-Leimkraut *Silene armeria* (n. h.)
- Kornblume *Centaurea cyanus*
- Klatsch-Mohn *Papaver rhoeas,* Sand-Mohn *Papaver argemone*
- Bittere Schleifenblume *Iberis amara*
- Kornrade *Agrostemma githao*
- Feld-Rittersporn *Consolida regalis,* Garten-Rittersporn *Consolida ajacis*
- Acker-Ringelblume *Calendula arvensis*

Im Schatten:

- Einjähriges Silberblatt *Lunaria annua* (n. h.)
- Wald-Vergissmeinnicht *Myosotis sylvatica*

n. h. = nicht heimisch, aber aus angrenzender Florenregion stammend
Hinweis: »Heimisch« bezieht sich hier auf das kontinentale Mitteleuropa. Bei Weitem nicht alle der hier als heimisch bezeichneten Pflanzen kommen in jeder Region Deutschlands natürlich vor. Für den Naturgarten stellen sie dennoch eine Bereicherung dar.

Profi-Tipp

So wird es gemacht: Saat mit Initialpflanzung (und mit Blumenzwiebeln)

Beet gut vorbereiten und für ein lockeres, möglichst unkrautfreies Saatbett sorgen: das heißt sorgsam jäten oder unkrautfreies Substrat auftragen. Bei sehr großen Flächen kann zwei- bis dreimal gefräst werden: Jeweils den Boden gut abtrocknen lassen und ausharken. Nach vier Wochen wiederholen, wenn sich neue Keimlinge zeigen. Nach dem zweiten Durchgang den Boden nur noch flach mit dem Rechen bearbeiten und ein kleinkrümeliges, lockeres Saatbett vorbereiten.

Bei Staudenpflanzungen mit Einsaat zuerst die Stauden setzen: Fünf bis neun Stauden pro Quadratmeter ist ein guter Richtwert.

Falls im Herbst angelegt wird, können jetzt auch gleich Blumenzwiebeln für den Frühjahrsflor mit in die Erde.

Erst danach kommt die Ansaat über die Fläche.

Stellt man beim Ausbringen der Saat die Töpfe der gesetzten Pflanzen verkehrt herum über die gesetzten Pflanzen, verhindert man ein Keimen direkt an der gepflanzten Staude. Die Töpfe nimmt man nach der Ansaat wieder weg.

Nicht vergessen: Saat immer gut antreten oder festklopfen.

Bei (sehr) großen Flächen kann notfalls auch mit einer glatten Saatwalze über die Stauden hinweg gewalzt werden, diese richten sich in kurzer Zeit wieder auf.

Saatgut fertig vorbereitet für eine Beet-Neuanlage

Beet im Sommer, zehn Monate nach der Neuanlage im Herbst (kleines Bild) mit Ansaat, Initialstauden und Zwiebeln

Die tollen Knollen

2. Projekt

Geophyten für das ganze Jahr

Spätestens ab Neujahr kämpfe ich mit dem »Winterblues« und vermisse Sonne und Blütenfülle ...Gut, das Wetter macht, was es will, aber für zeitige Blüten können wir sorgen. Da gibt es ja die wunderbaren Geophyten.

Als Geophyten bezeichnen wir all jene Pflanzen, die sich nach der Blüte in Zwiebeln, Knollen oder Rhizome zurückziehen, um Energie für ihren großen Auftritt im kommenden Jahr zu speichern. Dadurch können sie oft schon im ausgehenden Winter durchstarten. Sie sind damit die ersten Farbtupfer des Jahres und werden von Mensch und Tier dementsprechend sehnsüchtig erwartet.

Auch wenn nicht alle hier genannten Arten heimisch sind, bereichern sie die Vielfalt im Garten – vor allem im Frühjahr – ganz erheblich. Manche, wie der Hohle Lerchensporn *Corydalis cava,* tauchen oft unvermittelt an ganz

Netzblatt-Iris (Iris reticulata) 'Harmony' (links) und Elfenkrokus (Crocus tommasinianus) 'Barr's Purple'

anderen Stellen auf, als man sie vorher gesetzt hatte. Andere wiederum verschwinden nach einem kurzen Gastspiel im Garten auf mysteriöse Weise. Möglicherweise gab es dann Staunässe oder tierische Feinschmecker wie die Wühlmaus, die die Zwiebeln als Leckerbissen entdeckt haben. Einige Arten sind ohnehin eher kurzlebig. Wählen wir möglichst naturnahe Wildformen bei Schneeglöckchen, Krokussen, Narzissen, Tulpen und Co., ist die Chance am größten, dass sie dauerhaft im Garten bleiben und sich zu ansehnlichen, dauerhaften Beständen vermehren, die mit jedem Jahr schöner werden.

Übrigens gibt es keine wirklich heimische Tulpenart – einzig die vermutlich im 16. Jahrhundert aus dem Mittelmeerraum mitgebrachte Weinberg-Tulpe *Tulipa sylvestris* gilt mittlerweile als eingebürgert und ist in der freien Landschaft besonders geschützt.

Im Frühsommer haben die mit der Küchenzwiebel verwandten Allium-Arten ihren großen Auftritt. Sie sind für mich eine unverzichtbare Pracht. Mit ihren vielen leicht zugänglichen Einzelblüten sind sie, obwohl größtenteils auch nicht heimisch, bei Insekten sehr beliebt. Lassen Sie die dekorativen Samenstände ausreifen, können Sie sich bei manchen Arten, zum Beispiel beim Persischen Lauch *Allium aflatunense,* über eine Selbst-Aussaat freuen.

Besonders in Schattenbeeten machen Geophyten eine gute Figur und nutzen die kurze Zeit bis zum Laubaustrieb der Gehölze für ihre reiche Blüte. Damit sind sie bei hungrigen Wildbienen direkt nach dem Schlüpfen genauso begehrt wie bei überwinternden Hummelköniginnen, die neue Kraft tanken müssen. Und natürlich kommen auch die Honigbienen zu Besuch.

Auch im Magerbeet machen einige Arten (zum Beispiel *Iris reticulata*) eine gute Figur. Und Schachbrettblume *Fritillaria meleagris,* Bär-Lauch *Allium ursinum* und Märzenbecher *Leucojum vernum* mögen es – ganz untypisch für Zwiebelblüher – auch gerne mal ziemlich feucht.

Bild links: Die Wildtulpe Tulipa kolpakowskiana
und verschiedene Krokusse strahlen um die Wette

Weinbergsträubel (Muscari neglectum) und einjährige Ringelblume (Calendula arvensis) bilden einen schönen Kontrast (links).
Bär-Lauch (Allium ursinum) mag es eher kühl und feucht, dann bildet er mächtige Bestände (rechts).

Die Frühstarter:

- Winterling *Eranthis hyemalis*
- Kleines Schneeglöckchen *Galanthus nivalis*
- Netzblatt-Iris *Iris reticulata* (n. h.)
- Elfenkrokus *Crocus tommasinianus* (n. h.)
- Frühlingskrokus *Crocus vernus*
- Zweiblättriger Blaustern *Scilla bifolia*
- Traubenhyazinthe *Muscari botryoides* (n. h.)
- Weinbergs-Träubel *Muscari neglectum*
- Weinberg-Tulpe *Tulipa sylvestris*
- Busch-Windröschen *Anemone nemorosa*
- Hohler Lerchensporn *Corydalis cava*
- Schachbrettblume *Fritillaria meleagris*
- Märzenbecher *Leucojum vernum*

Schöne Lauch-Arten, bis in den Herbst hinein:

- Bär-Lauch *Allium ursinum*
- Persischer Lauch *Allium aflatunense* (n. h.)
- Sternkugel-Lauch *Allium christohphii* (n. h.)
- Kugelköpfiger Lauch *Allium sphaerocephalon*
- Gekielter Lauch *Allium carinatum*
- Gold-Lauch *Allium moly* (n. h.)
- Berg-Lauch *Allium lusitanicum*

n. h. = nichtheimische Arten

Bilder rechts: Kugelköpfiger Lauch (Allium sphaerocephalon) blüht meist im Juni und Juli (links), die Traubenhyazinthe (Muscari botryoides) blüht im Frühjahr (rechts)

Profi-Tipp

So wird es im Frühjahr und bis in den Herbst hinein bunt

Man nehme

- ▷ *viele (wirklich viele!) Blumenzwiebeln, Knollen und Rhizome,*
- ▷ *eine lange, schmale Pflanzhacke oder ein Brecheisen oder Setzeisen.*

Und so wird es gemacht

- ▷ *Die allermeisten Geophyten werden im Herbst gesetzt (Ausnahme: im Herbst blühende Arten). Die Knollen möglichst frisch pflanzen. Ausgetrocknete oder angeschimmelte wachsen nicht an.*
- ▷ *Harte Knollen (zum Beispiel Winterlinge) kann man vor dem Setzen einige Stunden in Wasser einweichen.*
- ▷ *Werfen Sie immer eine gute Handvoll auf den Boden. Dort, wo sie liegen bleiben, werden sie eingepflanzt, das sieht dann meist recht natürlich aus.*
- ▷ *Nur sehr eng aneinander liegende Zwiebeln vereinzeln.*
- ▷ *Am besten sehen große Gruppen aus mindestens zehn bis zwanzig Zwiebeln oder Knollen bei kleineren Arten und aus mindestens fünf Zwiebeln bei großen Arten aus. Gerne mehr!*
- ▷ *Mit der Hacke oder dem Setzeisen schräg ein Loch in den Boden machen. Faustregel: Doppelt so tief setzen, wie die Zwiebel hoch ist (Tulpen dreifach).*
- ▷ *Erde nur aufklappen, Zwiebel rein, zuklappen, antreten. Jede Zwiebel bekommt ein eigenes Loch!*
- ▷ *Aufs nächste Frühjahr freuen!*

Nicht nur zum Verstecken

3. Projekt

Eine lebendige Hecke im Garten

In den 1980er-Jahren waren es Fichten, die 90er waren das Jahrzehnt der Thujen und ab den 2000er-Jahren ist es der Kirschlorbeer ... Offenbar hat jedes Jahrzehnt seine Mode-Heckenpflanze, die zigtausendfach in Monokultur rund um Deutschlands Gärten gepflanzt wird. Gemeinsam ist den Genannten neben ihrer intensiven Pflegebedürftigkeit vor allem eines: Mit einer »echten« Hecke haben sie nichts zu tun – und mit dem Kirschlorbeer *Prunus lauraceus* kommt sogar eine potentiell invasive Art flächendeckend in die Gärten.

»Echte« Hecken sind dagegen eine mittlerweile aussterbende Art. Eine echte Hecke ist nicht nur irgendein grüner Sichtschutz oder Zaunersatz. Sie ist ein höchst vielfältiger Lebensraum, gleichsam ein »Hochhaus des Lebens« mit unterschiedlichen Etagen von der Streuschicht am Boden – in der sich unzählige Kleinlebewesen, Käfer, Igel, Erdkröte und Co. tummeln – bis hinauf in die Astspitzen, die für Singvögel Ansitz sind und Bühne für ihre Balz.

Blüten, Blätter und Früchte einer solchen Hecke dienen Insekten, Vögeln und Kleinsäugern als Nahrung. Sie bietet Plätze zum Nisten, Schlafen und für die Balz. Ihre Dornen schützen vor Fressfeinden.

Im Garten bildet eine Wildhecke die natürliche Barriere an der Grundstücksgrenze oder gliedert Gartenräume. Zudem hält sie einen wunderbar farben- und formenreichen Blüten-, Blatt- und Fruchtschmuck bereit. Auch »nur« als Solitär, in Dreier- oder Fünfer-Gruppen gepflanzt, bereichern Gehölze jeden Garten. Dafür müssen wir nur den Mut haben, sie in all ihrer Vielfalt zu pflanzen und ihnen den Platz einzuräumen, den sie brauchen, damit sie hinterher nicht jährlich mit der Heckenschere rasiert werden müssen.

Denn eines ist den – vermeintlich pflegeleichten – Modehecken gemeinsam: Sie müssen regelmäßig getrimmt und gestutzt werden. Das gehört mit zu den kräftezehrendsten Arbeiten, die ein Garten so zu bieten hat. Denn ein paar Jahre nach der Pflanzung haben die Immergrünen meist schon die gewünschte Größe erreicht. Dummerweise wachsen sie jetzt aber einfach weiter ... Das ist völlig logisch, wenn man bedenkt, dass Fichten oder auch

Heckengehölze können ganz schön groß werden, das muss man schon bei der Pflanzung berücksichtigen (rechts). Früchte der Hecke, wie Hagebutten, sind im Herbst wichtiges Futter für Tiere.

Lebensbäume am Naturstandort eigentlich große, ja sehr große Bäume sind. Selbst die Lorbeerkirsche erreicht frei wachsend eine Höhe von bis zu sieben Meter. Und dagegen wird dann sisyphosartig jedes Jahr aufs Neue mit der Heckenschere angekämpft ...

Gut geplant ist halb gepflegt

Es lohnt es sich also, die Gehölze schon in der Planung dem zur Verfügung stehenden Platz entsprechend auszuwählen. Dann dürfen sich die Sträucher frei wachsend entfalten, können blühen und fruchten. Eine bunte Mischung unterschiedlicher Wuchsformen und Blühzeitpunkte zieht rasch eine große Zahl an Nutznießern an. Manche Arten bieten 100 bis 200 Tierarten Nahrung, während exotische Sträucher wie Forsythie oder auch Kirschlorbeer ökologisch gesehen echte »Nullnummern« sind, die noch nicht mal eine Handvoll Tiere ernähren.

Eine gezielte Auswahl lockt auch bestimmte Tiere an: So liebt zum Beispiel das Rotkehlchen die Früchte des Pfaffenhütchens *Euonymus europaeus* oder die Amsel die des Weißdorns *Crataegus monogyna*, während der Zitronenfalter seine Eier besonders gerne an Faulbaum *Rhamnus frangula* oder Kreuzdorn *Rhamnus cathartica* ablegt.

Neben Blüten und Früchten sind bei einigen Arten auch die Blätter als Nahrung begehrt, Favoriten sind hier die Weiden *Salix*, zum Beispiel für Schmetterlingsraupen.

Die Pflege ist einfach: »Unpassend« wachsende Zweige werden bodennah oder direkt am Stamm abgeschnitten. Sind die Gehölze doch einmal zu groß, können sie durch einen radikalen Rückschnitt 20 Zentimeter über dem Boden, das sogenannte »Auf-den-Stock-Setzen«, wieder verjüngt werden, und sie treiben neu aus. Dagegen müssen überalterte, unansehnlich gewordene Lebensbäume komplett ersetzt werden. Oft inklusive der mühseligen Entfernung des alten Wurzelstocks.

Eine Hecke planen

Je nachdem, wie viel Platz zur Verfügung steht, plant man eine einreihige bis mehrreihige Pflanzung, die in der Höhe gestaffelt wird. So entstehen kulissenartige Räume von hohem ökologischen und gestalterischen Wert. Auf wallartig modellierte Strukturen gepflanzt, bilden sie auch im Winter noch einen passablen Sichtschutz.

Die Pflanzabstände der Sträucher in der Reihe sollten zwischen ein und zwei Meter betragen, so wird die Hecke dicht. Die Grenzabstände – zum Beispiel zum Nachbargrundstück – sind gesetzlich festgelegt, können regional aber variieren. Informieren Sie sich unbedingt vor der Pflanzung bei Ihrer Kommune. Bedenken Sie auch, dass der öffentliche Verkehrsraum (Gehsteig, Straße) dauerhaft freigehalten werden muss.

Wichtig

Gehölzpflanzungen müssen in den ersten Jahren bei anhaltender Trockenheit alle drei bis vier Wochen durchdringend(!) bis in den Wurzelraum gegossen werden (20 bis 40 Liter pro Pflanze, bei Bäumen bis zu 80 Liter).

Einreihige Hecke mit Vorpflanzung

Auch mit heimischen Pflanzen geht Formschnitt: Hainbuchenhecke mit Krautsaum aus Himbeeren

Die meisten Wildgehölze gedeihen gut auf »normalem« Gartenboden, einige kommen auch mit sehr mageren Substraten klar. Rosen werden auf eher lehmigen Böden besonders üppig. Berücksichtigen Sie bei der Auswahl die Standortvorlieben und ergänzen Sie gegebenenfalls passend das Substrat.

Die Pflanzung erfolgt dann vorzugsweise im Herbst. Die Gehölze bilden auch im Winterhalbjahr Wurzelwerk aus, zudem können Sie in dieser Jahreszeit auch sogenannte »wurzelnackte« Gehölze ohne Topf pflanzen. Die wirken zwar beim Kauf erst mal sehr kümmerlich, wachsen aber letztlich viel besser an als Containerpflanzen. Obendrein schonen sie den Geldbeutel. Allerdings können die Wurzelnackten nur in der Zeit gepflanzt werden, in der sie kein Laub tragen (etwa von November bis April). Sträucher im Topf können dagegen das ganze Jahr über eingepflanzt werden.

Gepflanzt wird am besten in offenen Boden, noch vorhandenen Bewuchs also besser entfernen.

In kleinen Gärten, wenn der Platz für eine frei wachsende Hecke nicht ausreicht, kann man auch aus heimischen Gehölzen eine Formschnitthecke gestalten. Dafür eignen sich gut Liguster *Ligustrum vulgare*, Kornelkirsche *Cornus mas*, Feld-Ahorn *Acer campestre* oder Hainbuche *Carpinus betulus*. An Immergrünen bieten sich Eibe *Taxus baccata* und die Europäische Stechpalme *Ilex aquifolium* an.

Ein Traum von Saum – keine Hecke ohne Saum

In der Natur dienen Hecken als eine Art »Autobahn« – sie verbinden Lebensräume mit ihrer linearen Struktur, in der es Deckung und Nahrung in Hülle und Fülle gibt. Zu einer solchen Hecke gehört immer auch ein Heckensaum. Er bildet die Übergangszone von Feld oder Wiese zu den Gehölzen. Dort treffen sich die Bewohner der offenen Landschaft mit den Bewohnern der Hecken. Deshalb sind die Säume ganz besonders artenreiche und wertvolle Lebensräume.

Großer Ehrenpreis (Veronica teucrium) und
Zypressen-Wolfsmilch (Euphorbia cyparissias) an Zimt-Rose (Rosa majalis)

Im Naturgarten binden wir die Gehölze ebenfalls mit Säumen und zusätzlich mit Strukturen wie Totholz oder auch Steinhaufen in den Gartenraum ein.

Wo bei einer konventionellen Heckenanlage gerne Rindenmulch für die Abdeckung der Pflanz-Zwischenräume sorgt, verwenden wir (Saum-)Ansaaten mit geeigneten, eher kurzlebigen (für etwa fünf Jahre) Blüh-Mischungen aus vorwiegend ein- und zweijährigen Arten. Die sich ausbreitenden Gehölze nehmen nach und nach den Raum ein, bis nur noch die Randbereiche übrig

Säume aus Wildblumen sind eine vielfältige und schöne Bereicherung

Eine hohe Blumenhecke kann im Sommer auch Sichtschutz bieten

bleiben – eine geplante Dynamik, die typisch für die Idee des Naturgartens ist. Vor und unter Gehölzen schlägt auch die Stunde der früh blühenden Geophyten. Bei der Anlage werden sie direkt mit eingeplant. Ungeduldige pflanzen dazu gleich noch ein paar Initialstauden, die schon im ersten Jahr im Saum vor der Hecke blühen. Die Sträucher profitieren in der Anwachsphase von der Beschattung des Bodens und konzentrieren sich erst mal auf die Ausbildung des Wurzelwerkes. Nach etwa drei Jahren überragen sie dann den Saum und drängen ihn langsam zurück.

Profi-Tipp

Eine Hecke anlegen

Die hier vorgestellte Hecke eignet sich vor allem für größere Gärten. Ist Ihr Platz begrenzter, ist es empfehlenswerter, als Hecke eine einreihige Formschnittvariante zu wählen und einen oder mehrere solitäre Sträucher oder Bäume zu pflanzen, wo Platz ist. Wilde frei wachsende Hecken werden erst bei einer gewissen Größe wirklich sinnvoll. Die hier genannten Arten lassen sich mit Ausnahme der Eberesche, die als Überhälter dient, alle hervorragend durch Auf-den-Stock-Setzen verjüngen beziehungsweise kleiner halten.

Man nehme

▷ *Einen Streifen Garten von etwa 4 × 9 Metern, normaler Boden, sorgfältig von jeglichem Bewuchs befreit und tiefgründig aufgelockert.*

Für die hintere Reihe zum Beispiel:

▷ *1 × Eingriffeliger Weißdorn* Crataegus monogyna
▷ *1 × Eberesche* Sorbus aucuparia
▷ *1 × Kornelkirsche* Cornus mas
▷ *1 × Wolliger Schneeball* Viburnum lantana
▷ *1 × Hunds-Rose* Rosa canina
▷ *1 × Felsenbirne* Amelanchier ovalis

Für die vordere Reihe zum Beispiel:

▷ *2 × Johannisbeeren* Ribes rubrum
▷ *1 × Essig-Rose* Rosa gallica
▷ *1 × Gebirgsrose* Rosa pendulina
▷ *1 × Kopf-Zwergginster* Chamaecytisus supinus
▷ *1 × Färber-Ginster* Genista tinctoria
▷ *oder andere heimische Wildgehölze – je nach Standort*

▷ *Saatgut für knapp 30 Quadratmeter (wie »Bunter Saum«, Fa. Rieger-Hofmann),*
▷ *verwildernde Blumenzwiebeln und Blumenknollen nach Belieben – je mehr, desto schöner (im Herbst setzen),*
▷ *bei sehr magerem Boden: etwa 5 Liter gut ausgereiften, gütegesicherten Kompost oder torffreie Pflanzerde pro Pflanze,*

- *bei sehr fettem Boden: etwa 5 Liter Sand zum Untermischen im Pflanzloch,*
- *einen guten Spaten, Harke, gegebenenfalls Gartenschere zum Einkürzen der Triebe und einen guten halben Tag lang Zeit (eventuell auch etwas länger).*

Und so wird es gemacht

- *Gehölze am gewählten Standort ausstellen oder auslegen. Die höher werdenden in einer Reihe im Hintergrund mit etwa 1,5 Meter Abstand untereinander. Abstand zum Zaun mindestens ein, besser zwei Meter. In einer zweiten Reihe einen Meter davor die niedrigeren Gehölze (versetzt »auf Lücke«), Abstand untereinander ebenfalls etwa 1,5 Meter.*
- *Bei wurzelnackter Ware vor dem Pflanzen die Wurzeln und Triebe auf gut die Hälfte bis zu einem Drittel mit einer scharfen Gartenschere zurückschneiden. Bei Containerpflanzen die Wurzeln sorgfältig nach unten hin auflockern. Pflanzlöcher großzügig ausheben, Erde lockern und in den Aushub ein wenig Sand-Kompost-Gemisch oder torffreie Pflanzerde mischen. Die Gehölze einsetzen, mit dem Aushub verfüllen, vorsichtig festtreten und mit 20 bis 30 Liter Wasser pro Pflanze angießen.*
- *Für den Anfang sollte man dazu aus der Erde einen Gießring formen.*

Kornelkirsche (Cornus mas), wurzelnackt, vor dem Pflanzschnitt (rechts) und danach (links)

- *Kräftige Stäbe aus Holz oder Bambus markieren die Standorte der Gehölze, wenn die Saumansaat höher wird. Die Fläche zwischen den Sträuchern als Saatbett sauber mit der Harke glätten. Gegebenenfalls im Vordergrund die Geophyten stecken.*
- *Saumansaat einsäen, nicht(!) einarbeiten, aber gut anwalzen, anklopfen oder antreten.*
- *Die Saumansaat wird ab dem zweiten Jahr nach der Pflanzung jeweils im Frühjahr gemäht. Dabei die Gehölze nicht verletzen! Mit der Zeit verdrängen die größer werdenden Büsche die Ansaat an den Randbereich.*

Mein Freund, der Baum

4. Projekt

Wie Bäume unser Leben besser machen

In meinem Garten steht ein alter Birnbaum. Eine echte Persönlichkeit. Er ist geschätzt 170 Jahre alt. Ein Geschenk! Nicht nur für unsere Familie, die sich in jedem Frühjahr an seiner verschwenderischen Blüte erfreut und im Sommer die kleinen, aber sehr schmackhaften Birnchen nascht, auch für eine Vielzahl an Bewohnern – von den kleinen Krabbeltierchen in der Rinde über den Specht, der sie unermüdlich herausstochert, bis hin zu den Fledermäusen, die versteckt in einem Astloch schlafen. Dieser Baum ist ein wahres Wunder! In seinem Kronenschatten lässt es sich auch an heißen Tagen ganz wunderbar aushalten. An seinem Fuß ist das Grün der Wiese immer am sattesten.

Solitäre wie dieser Baummethusalem wirken sich in trockenheißen Sommern durch ihre Verdunstung ungemein positiv auf das Mikroklima aus. Die Verdunstung kann je nach Größe und Art des Baumes mehrere 100 Liter Wasser pro Tag betragen. Mit ihren tiefreichenden Wurzeln können alte, gut eingewachsene Bäume Trockenperioden wesentlich besser ertragen als Neuanpflanzungen. Ihr dichtes Blattwerk wirkt als hervorragender Staubfilter und dämpft Geräusche. Im Sommer spenden uns die Bäume Schatten, im Winter kann die Sonne ungehindert durch die – dann kahlen – Äste scheinen.

Unterm Baum sitzt man im Sommer am besten
und das Gras ist am grünsten

Kein Haus ohne Baum

Früher gehörte zu jedem Anwesen ein Hausbaum, so wie heute die Garage fürs Auto. Ein solcher Baum steht immer in Beziehung zum Gebäude oder zu einem markanten Ort im Garten, wie dem zentralen Sitzplatz. Bei Neuanlagen gehört ein Solitärbaum einfach dazu, wann immer es die Platzverhältnisse zulassen. Wichtig ist es allerdings, die Endgröße und den Kronendurchmesser des Baumes als Auswahlkriterien realistisch einzuschätzen. Schließlich soll sich der Baum frei entfalten können. Denn nichts ist trauriger als ein zu groß wachsender Baum, der ständig zurückgeschnitten werden muss.
Bei wenig Platz kann man auch auf kleine oder schmal wachsende Auslesen, zum Beispiel die Säulenform von Weißdorn, Felsenbirne oder Hainbuche mit dem Zusatz 'Fastigiata' zurückgreifen.

Wer gerne gesundes Obst im eigenen Garten ernten möchte, hat eine große Auswahl. Hier sollten Sie die regionalen, oft selten gewordenen alten Sorten bevorzugen. Allerdings benötigen ertragsorientierte Bäume eine kontinuierliche Pflege durch Schnittmaßnahmen.

Bilder links: Birnenblüte (links)
Ein oder mehrere Hausbäume waren früher selbstverständlich, wir sollten heute nicht darauf verzichten (rechts)

Oft gibt es auch Regelungen in den kommunalen Grünsatzungen, die das Pflanzen von größer werdenden Gehölzen regeln. Fragen Sie im Zweifelsfall vor der Pflanzung nach, um keine unliebsamen Überraschungen zu erleben. Autochthone Pflanzen (siehe Seite 28) sind in der jeweiligen Region gebietsheimisch und dort gezogen. Damit sind sie auch am besten an die lokalen Klima- und Bodenverhältnisse angepasst.

Wählen Sie den Standort und die Baumart mit Bedacht, damit auch Ihre Kinder und Enkel sich noch daran erfreuen können.

Lebensraum Baum

Astlöcher, Spalten und Hohlräume bieten ideale Bedingungen für Gartenvögel wie Meisen, Sperling, Star oder Gartenrotschwanz. Auch Siebenschläfer oder Fledermäuse beziehen gerne solche Hohlräume. In der oft schon schorfigen Borke und in angemorschten Bereichen finden unzählige Insektenlarven und Käfer Heimat. Blüten und Früchte decken überreich den Tisch der tierischen Bewohner.

Auch das von vielen Gartenbesitzern gefürchtete Laub eines Baumes ist nicht nur wertvoll als Mulchschicht, zum Beispiel unter Hecken oder locker auf Gemüsebeeten ausgebracht. Laubhaufen und Mulmhaufen bieten auch wertvollen Lebensraum für Wirbellose, Amphibien und Kleinsäuger wie den Igel.

Selbst wenn ein Obstbaum im Ertrag nachlässt oder ein Wildgehölz nur noch wenige vitale Äste besitzt, lohnt es oft, sie zu erhalten – vorausgesetzt, Gebäude und Bewohner sind nicht durch herabfallende Äste oder gar das Umstürzen des Baumes gefährdet. Wo aber genügend Raum ist und keine Gefahr droht, kann man Bäume dem natürlichen Verfall überlassen und beobachten, wie sich auf spannende Weise ein Totholzlebensraum entwickelt.

Lebensraum Baum: für Admiral, für Schwarzspecht und Baumläufer sowie viele weitere Baumhöhlenbewohner

Blütenrausch im Frühling

Profi-Tipp

Einen Baum pflanzen

Der richtige Zeitpunkt

Containerpflanzen oder Ballenware können ganzjährig gepflanzt werden. Beste Pflanzzeit ist jedoch der Herbst, dann kann der Baum im Winter seine Wurzeln besser ausbilden, um im Frühling durchzustarten. Wurzelnackte Gehölze gibt es nur von Ende Oktober bis März.

Man nehme

- *Bei sehr viel Platz zum Beispiel: Sommerlinde, Winterlinde, Eiche (im Bereich unter Eichen wächst allerdings nur wenig)*
- *Weniger Platz benötigen zum Beispiel:*
  - *an trockensonnigen Standorten: Feldahorn, Mehlbeere, Wildapfel, Wildbirne*
  - *an eher frischen Standorten: Vogelbeere, Traubenkirsche*

Da die Wuchsfreudigkeit der unterschiedlichen Baumarten auch stark mit den örtlichen Gegebenheiten zusammenhängt, ist es sinnvoll, sich in der Gegend vorhandene, ausgewachsene Exemplare anzusehen, um die Dimensionen besser abschätzen zu können.

Profi-Tipp

Einen Baum pflanzen – und so wird es gemacht

- *Pflanzloch reichlich groß ausheben und die Erde an den Rändern und der Sohle gut lockern. Auch den Ballen der Pflanze bei Containerware gut lockern. Bei Ballenware das Ballentuch aufbinden und den Ballendraht oben öffnen. Beides kann am Ballen bleiben und verrottet innerhalb eines Jahres.*
- *An den Pflanzschnitt denken, wenn nicht schon in der Baumschule vorgenommen. Im Zweifel nachfragen.*
- *Baum nicht zu tief pflanzen, sondern so, wie er in der Baumschule stand, sonst droht Fäulnis am Stammansatz. Meist sackt die Erde ohnehin noch etwas nach.*
- *Vor dem Füllen der Pflanzgrube stabile Pflanzpfähle neben dem Wurzelballen einschlagen, damit der Baum auch bei Wind stabil steht und nicht an seinen Wurzeln reißt. Bindung regelmäßig kontrollieren, damit sie nicht einwächst.*
- *Ein aus Erde modellierter Gießrand oder eine Gießmulde tun gute Dienste. Die neuerdings oft verwendeten Plastik-Bewässerungssäcke sind mit Vorsicht zu genießen: Einerseits verschlämmt darunter die Erde sehr schnell, andererseits besteht die Gefahr einer Verbrennung des Stammes durch den aufgeheizten Kunststoff.*
- *Stammschutz nicht vergessen: eine Bambusmatte oder ein Juteband locker um den Stamm wickeln. Das verhindert Sonnenbrand und das Aufreißen der Rinde bei starken Temperaturschwankungen. Ein Weißanstrich erfüllt denselben Zweck.*
- *Gut angießen und in den ersten Jahren bei anhaltender Trockenheit selten, aber dafür durchdringend gießen (bei großen Bäumen alle drei bis vier Wochen mit 80 bis 100 Litern).*

Ich wünsche mir ...

Den Traum von einer Blumenwiese

5. Projekt

»Ich wünsche mir eine Blumenwiese.«. So oder so ähnlich sagen es viele Gartenbesitzer, wenn sie an mehr Natur im Garten denken – vielleicht auch Sie? Aber prüfen Sie, ob das, was Sie sich wünschen, tatsächlich eine Blumenwiese ist. Denn oft liegt ein Missverständnis vor: Eine Blumenwiese ist keine kurzlebige Blühansaat. Derartige Mischungen, die gerne auch als »Bienenweide« oder »Insektenparadies« beworben werden, enthalten meist vor allem einjährige Ackerwildkräuter, darunter oft preisgünstige Samen von Kulturpflanzen wie Sonnenblume, Phacelia oder Buchweizen, weitere Exoten – und keine Gräser. Eine Blumenwiese besteht aber aus Gräsern und einer Vielzahl von ausdauernden Wildkräutern. Als Standort für solch eine »echte« Blumenwiese eignen sich alle gut besonnten Plätze – im Schatten gibt es nur wenige Blüten.

Bild links: Bei Platznot kann auch am Zaun ein Spalierobst wachsen

Einfach wachsen lassen – leider fehlen dann oft die blühenden Kräuter (links)

Mäht man »normalen« Rasen nicht mehr, stellen sich oft schon von selbst einige Blumen wie Gänseblümchen *Bellis perennis*, Scharfer Hahnenfuß *Ranunculus acris* oder Niederliegender Ehrenpreis *Veronica prostrata* ein. Für eine artenreiche Blumenwiese reicht jedoch das vorhandene Potential an ruhenden Samen im Boden meist nicht mehr aus. Leider genügt es auch nicht, eine bunte Packung Blumensamen in den »englischen« Rasen zu streuen. Wenn die Samen keinen offenen Boden zum Keimen finden, ist das Saatgut verloren.

In einer geschlossenen Grasnarbe kann das also nicht funktionieren. Der vorhandene Bewuchs muss daher möglichst vollständig entfernt werden. Die zarten Sämlinge der Wiesenblumen vertragen keine Konkurrenz während ihrer Entwicklung. Entscheidend für das Gelingen ist, als Saatgut eine Mischung aus einheimischen(!) Wildkräutern und Horst bildenden Gräsern zu wählen. Nur diese Mischungen enthalten zudem die überlebenswichtigen Raupenfutterpflanzen, Pollen- und Nektarspender für unsere bedrohten Insekten. Übrigens sind dabei auch die Gräser für viele Tierarten von existenzieller Bedeutung.

Bei sehr großen, bereits vorhandenen artenarmen (Rasen-)Flächen, die zum Blühen gebracht werden sollen, kann man es auch mit der »Streifen-Ansaat« versuchen: Im Abstand von drei bis fünf Metern werden Streifen von ein bis zwei Meter Breite mehrfach gefräst, von sämtlichem Bewuchs befreit und mit hundert Prozent Wildblumen (ohne Gräser) angesät. Dazwischen bleibt der Bewuchs stehen und wird nur sehr kurz abgemäht. Mit der Zeit erobern sich die Kräuter aus den Ansaaten Stück für Stück auch die grünen Streifen. Durch mehrmaliges scharfes Vertikutieren und sauberes Abrechen (am besten nach einer sommerlichen Dürreperiode) kann die Grasnarbe auch nachhaltig gestört werden. Allerdings nicht ganz so effektiv wie durch Fräsen oder Abtrag.

Verschiedene Blumenwiesen-Typen

Es gibt verschiedene Typen und Formen von Blumenwiesen. Je nach der gewünschten Nutzung können Sie sich entscheiden für:

Blumenschotterrasen – gut geeignet für selten befahrene Einfahrten, Parkplätze und Ähnliches. Dann kann er recht artenreich und blühstark werden. Am schönsten wird er an sehr sonnigen Standorten.

Blumen-Kräuter-Rasen (neuerdings auch Klimarasen genannt) – wird nur bei Bedarf und nicht zu kurz gemäht, kann gelegentlich (zum Beispiel für Feiern) genutzt werden. Bunt, mäßig artenreich, für viele Gärten eine gute Wahl.

Blumenwiese – hoch wachsend, wird (je nach Wachstum) nur ein bis drei Mal im Jahr gemäht, am besten in mehreren Etappen mit drei bis vier Wochen Pause dazwischen (Staffelmahd). So bleiben immer einige Blüten stehen. Sollte möglichst nicht betreten werden. Je nach Standort kann man Feuchtwiesen, Sandmagerwiesen, Kalkmagerwiesen oder Fettwiesen unterscheiden. Lassen sich gut über gemähte Wege erschließen und erleben. Je nach Art sehr vielfältig und wertvoll. Kann viele Jahrzehnte alt werden.

Blühinsel, Kreativmahd – natürlich können Sie Ihre Blumenwiese auch wie eine blühende Insel inmitten einer gemähten Fläche wachsen lassen oder kreative Muster hineinmähen.

Übrigens: Überwiegend schattige Standorte sind für üppige Blumenwiesen nicht geeignet. Dort lieber ein schönes Schattenstaudenbeet oder einen Moosgarten anlegen.

Wiesen sind vielfältige Lebensräume für Insekten

Profi-Tipp

Eine Blumenwiese anlegen

Der richtige Zeitpunkt

Gesät wird im Frühjahr von März bis Mai oder – noch besser – im September oder Oktober. Am besten wenn anhaltend feuchte Witterung zu erwarten ist. Bei der Herbstansaat kann die Feuchtigkeit im Winter und Frühjahr optimal ausgenutzt werden. Bei Frühjahrsansaat sollte eine Möglichkeit zur Bewässerung für das erste Jahr gegeben sein.

Fläche vorbereiten

Bewuchs (Rasensoden) vollständig mit dem Spaten oder einem Rasensodenschäler (aus dem Maschinenverleih) abschälen. Alternativ die Fläche mehrmals tief fräsen, dazwischen einige Tage abtrocknen lassen und die Pflanzenreste sehr sorgfältig abrechen und auslesen. Nachdem sich der Boden etwas abgesetzt hat, bereitet man mit der Harke ein feinkrümeliges Saatbett vor. In verdichteten, lehmigen oder sehr fetten Boden sollten dabei pro Quadratmeter etwa 50 Liter Sand, Mineralgemisch (0/16) oder feiner Kies zu besseren Belüftung oberflächlich, maximal 5–10 cm tief eingearbeitet werden. Bei extrem schweren oder verdichteten Böden kann auch eine etwa 20 Zentimeter starke Schicht Sand oder Mineralgemisch (0/16) oben aufgebracht werden. Dann vor der Einsaat zusätzlich 3–4 cm sterilen Kompost als Wasserspeicher für die Keimlinge oberflächlich mit einarbeiten.

Einfräsen von Sand in schweren Boden mit einem Traktor

Aussaat

Wählen Sie das Saatgut passend zum jeweiligen Standort (feucht/trocken – fett/mager – sandig/kalkhaltig). Wildblumensaatgut ist oft sehr fein und wird daher nur sehr dünn aufgebracht. Sie benötigen nur wenige Gramm pro Quadratmeter (die genaue Menge steht auf der Samentüte). Damit das Säen einer solch geringen Menge gut

Wiesen-Storchschnabel (Geranium pratense) und Kurzfühlerschrecke

gelingt, wird das Saatgut mit Füllmittel (wie feuchtem Sand, Maisschrot, feinem Vermiculit oder Ähnlichem) großzügig gestreckt. Bei kleineren Mengen vermischt man in einer Schüssel oder einem Eimer, größere Mengen in einer Schubkarre oder mit einer Mörtelmaschine. Teilen Sie dann diese Mischung in zwei Portionen und säen Sie die zukünftige Wiese einmal längs und einmal quer gleichmäßig ein. Das Saatgut wird nicht eingearbeitet, da viele der Pflanzen zur Keimung Licht benötigen.

Üben Sie das Säen am besten zuerst einmal ohne Saatgut, nur mit Sand oder Erde, damit Sie ein Gefühl für die richtige Menge bekommen.

Andrücken

Kleinere Flächen werden flach mit einer Schaufel angeklopft. Sie können die Ansaat auch vorsichtig festtreten oder größere Flächen mit einer Saatwalze anwalzen.

Feucht halten

Wie bei einer ganz normalen Raseneinsaat empfiehlt es sich – vor allem bei Frühjahrssaat –, die Einsaat bis zur Keimung (etwa sechs Wochen) gleichmäßig feucht zu halten. Auch danach benötigt die Fläche im ersten Jahr ausreichende Feuchtigkeit.

Pflegehinweise beachten!

Gutem Saatgut liegt eine Pflegeanleitung bei. Unbedingt die Hinweise zur richtigen Mahd im ersten Jahr beachten.

Je magerer, desto blüh!

Sonnige Magerbeete

5. Projekt

Magerwiesen gehören zu den wertvollsten Lebensräumen überhaupt. Heuschrecken, Tagfalter, Wildbienen und andere Insekten fühlen sich dort besonders wohl. Dabei kommen die Pflanzen dort mit minimalen Nährstoffmengen aus. Kein »guter«, fetter Humus bringt dieses Wunder hervor, sondern steiniger, scheinbar unfruchtbarer Boden. Voraussetzungen dafür sind die Kraft der Sonne und der Überlebenswille der Pflanzen, der sie überreich blühen lässt, damit genügend Samen für eine erfolgreiche Fortpflanzung gebildet werden können.

Deshalb legen wir im naturnahen Garten Magerbeete immer an warmen, gut besonnten Stellen an. Oft ist dies gerade an der Terrasse der Fall. Wunderbar! So können wir die Blüten, ihren Duft und ihre tierischen Besucher aus der Nähe beobachten.

Gibt es sandigen oder kiesigen Unterboden im Garten, kann dieser direkt als Substrat hergenommen werden. Ansonsten lassen sich Beete und Flächen mit Mineralgemisch- oder Kiesschüttungen (immer mit Nullanteil!) gut herstellen. Die Schichtdicke des mageren Substrates sollte etwa 20 Zentimeter betragen. Darunter liegt der gewachsene Boden. Droht stauende Nässe, darf die Schicht noch etwas dicker werden. Dort gedeihen nun wärmeliebende, oft besonders blühstarke Pflanzen, die mit sehr wenig Feuchtigkeit auskommen und damit – nach der Anwachsphase – bestens für trockenheiße Sommer gerüstet sind. Gerade diese Pflanzen werden in der freien Natur immer seltener, da die meisten Böden durch übermäßigen Nährstoffeintrag oder Mulchmahd (bei der das fein gehäckselte Mahdgut auf der Fläche verbleibt) überdüngt sind. Andere dieser Überlebenskünstler gedeihen im Gebirge in felsigen Lagen. So können wir mit einem Magerbeet rare Kostbarkeiten in den Garten holen und damit auch oft selten gewordene Tiere anlocken. Ein weiterer Vorteil zeigt sich bei der Pflege. Da kaum Nährstoffe vorhanden sind, gibt es auch vergleichsweise wenige unerwünschte Beikräuter. Nur in der Anfangsphase sind gut zwei Jahre lang regelmäßiges (aber wenig zeitintensives) Ausziehen von Sämlingen wie Löwenzahn, Weißer Gänsefuß, Feinstrahl

Blütenfülle ganz ohne Gießen im Schotterbeet

oder Kompass-Lattich und gegebenenfalls das (etwas mühseligere) Ausstechen von Weißklee nötig. Danach gibt es nur noch wenig zu tun, zum Beispiel angeflogene Gehölze ausjäten …

Voraussetzung für solch eine pflegearme Fläche ist, dass Sie zwischen den gepflanzten Stauden eine geeignete Ansaat einbringen, damit sich bald eine weitgehend geschlossene Vegetation entwickeln kann. Bewährt hat sich eine Mischung aus ein-, zwei- und mehrjährigen Arten. Das Ganze wird dann gerne noch akzentuiert mit strukturgebenden Gehölzen und Gräsern, die in späteren Jahren eine tragende Rolle übernehmen werden. Andererseits können auch sehr schöne, reine Staudenbeete als Magerstandort angelegt werden, zum Beispiel als Hochbeet an der Terrasse.

Bei der Pflanzung bekommen Stauden und Gehölze jeweils eine kleine Portion gut verrotteten Kompost als Starthilfe unten(!) in die Pflanzgrube, das lenkt die Wurzeln in die Tiefe. Für die Ansaaten wird er dünn (zwei bis vier Zentimeter genügen völlig) aufgestreut und mit dem Krail in die oberen zehn Zentimeter eingearbeitet.

Die Veränderung in den ersten Jahren ist bei diesen Beeten besonders stark ausgeprägt. Jedes Jahr gibt es neue Bilder zu bewundern. Der Garten als Wundertüte. Pflanzen kommen und gehen, um unvermittelt an ganz anderer Stelle wieder aufzutauchen. Gerade die Zweijährigen wie Königskerzen, Muskateller-Salbei, Wilde Karde oder Natternkopf wandern gerne über die Flächen, ringen um die besten Plätze, bis sich der Bestand nach einigen Jahren stabilisiert und mehr Ruhe einkehrt.

Die Pflege beschränkt sich dann auf eine ordnende Begleitung. Damit ist die Dynamik etwas steuerbar – aber ein wenig Entspanntheit und Mut zum Kontrollverlust sind hilfreich. Wer da jetzt an die Entwicklung von Kindern und Jugendlichen denkt, liegt vermutlich gar nicht so falsch. Im ersten Jahr ähnelt der Garten einem Baby, das gehätschelt werden will und noch viel Zuwendung benötigt. Ab dem zweiten Vegetationsjahr beginnt schon die Pubertät: alles mit unbändiger Kraft und fast schon zu viel des Guten. Doch schon bald setzt eine Reife ein und der Garten findet sein Gleichgewicht.

Spätsommerblüher Gelbe Skabiose (Scabiosa ochroleuca)

Färberkamille (Anthemis tinctoria) und Natternkopf (Echium vulgare) gehören zu den kurzlebigen Arten der ersten Jahre

Profi-Tipp

Ein erhöhtes Magerbeet auf gewachsenem Boden anlegen

Man nehme

- *eine sonnige Fläche*
- *rein mineralisches Substrat mit Nullanteil (Sand, Mineralgemisch, Wandkies): Für 1 Quadratmeter Fläche werden etwa 400 Kilogramm Material benötigt (sechs bis acht Schubkarren voll).*
- *(Natur-)Steine oder Holzstämme als Einfassung*

Und so wird es gemacht

- *Eventuell vorhandenen Bewuchs so kurz wie möglich abmähen, bei Bedarf Boden lockern.*
- *Einfassung aus Steinen oder Stämmen legen und bauen.*
- *Mit mineralischem Substrat 20–30 cm hoch anfüllen.*
- *3 Zentimeter Kompost in die oberen 10 Zentimeter einarbeiten.*
- *Stauden und Gehölze pflanzen (etwas ausgereifter Kompost unten(!) ins Pflanzloch als Starthilfe schadet nicht).*
- *Ansaaten einbringen und antreten.*
- *Alles gut eingießen, auch die Ansaaten.*

Bilder links: Entwicklung einer Anlage auf magerem Substrat:
(1) Bau im Juni 2018
(2) im Mai 2019
(3) Ende Juni 2019
(4) im Juni 2020

Profi-Tipp

Einen toten Schottergarten in ein bunt blühendes Magerbeet verwandeln

Manchmal wusste man es einfach nicht besser oder es wurde vom Vorgänger übernommen ... nicht verzagen! Ein sonniges Schotterbeet kann eine gute Voraussetzung für die Gestaltung eines Magerbeetes bieten. Es ist gar nicht so schwer:

- ▷ *Beikräuter sorgfältig entfernen. Steine beiseite auf einen Haufen schieben*
- ▷ *Unkrautvlies, Folie oder was da eingebaut wurde, restlos entfernen. Leider ist das oft eine sehr mühselige Arbeit, da die meisten Materialien verrotten und nur in Fitzelchen entfernt werden können. Aber dieser Schritt ist entscheidend für die Wiederbelebung der Fläche.*
- ▷ *Unter der Folie ist der Boden in aller Regel sehr stark verdichtet. Möglichst tiefgründiges Auflockern mit einer stabilen Grabegabel oder Spitzhacke ist daher der nächste Schritt.*
- ▷ *Nun können die vorher beiseite gelegten Steine wieder auf der Fläche ausgebreitet werden. Diese Steine ergänzen wir mit mindestens genauso viel Sand, Mineralgemisch oder Wandkies (wichtig ist ein hoher Feinanteil), sodass eine Schicht von 15–20 cm Stärke entsteht.*
- ▷ *Sind die Steine sehr groß, kann man damit auch Hügel aufhäufen oder man verwendet sie an anderer Stelle im Garten als Gestaltungselement und bringt frisches Magersubstrat auf.*
- ▷ *Eine Gestaltung mit Hügeln und Tälern, Findlingen und Totholz passt gut.*
- ▷ *Tipp: Eine kleine, mit Teichfolie abgedichtete Mulde, in der Wasser stehen bleibt, kann als Tränke für Insekten und Vögel dienen.*
- ▷ *Danach wie ein »normales« Magerbeet bepflanzen und gegebenenfalls einsäen.*

Waldartig und verwunschen

Leben im Schatten

6. Projekt

Auf der Nordseite von Gebäuden, unter Gehölzen oder im Schatten von Mauern liegen oft ungeliebte Gartenbereiche, die mit den Worten »hier wächst eh nichts« sich selbst überlassen oder höchstens als Abstellraum genutzt werden. Dabei können auch im Schatten ungemein reizvolle und für Mensch und Tier interessante Lebensräume entstehen. Als Vorbild dienen hier Schluchten oder Wälder mit ihrer typischen Vegetation. Schon ein paar Farne und Baumstubben können ein ganz eigenes Flair zaubern, wo Moos plötzlich nicht mehr als störend, sondern als Bereicherung empfunden wird. In England nennt man diese waldartig verwunschenen Gestaltungen »stumpery«, angelehnt an die häufig dafür verwendeten Baumstümpfe. Im Naturgarten bilden Schattenbeete idealen Lebensraum für Gliederfüßer, darunter Käfer,

Bilder links: Die Verwandlung – Rückbau (links) und ein Jahr später (großes Bild)

Wald-Vergissmeinnicht (Myosotis sylvatica) und Einjähriges Silberblatt (Lunaria annua) sorgen für erste Höhepunkte im Schattenbeet

Waldmeister (Galium odoratum), Schöllkraut (Chelidonium maju
und Nachtviole (Hesperis matronalis) umspielen den Baumstump

aber auch Nachtfalter. Denn unter den schattenverträglichen Blühern finden sich einige sehr beliebte Nachtfalterpflanzen. Die Nachtfalter wiederum sind Hauptnahrung unserer Fledermäuse. Wer also Seifenkraut *Saponaria officinalis,* Nachtkerze *Oenothera biennis,* Nachtviole *Lunaria rediviva* und Co. pflanzt, tut damit auch etwas zum Schutz dieser bedrohten Wesen.

Frisch angelegte Schattenbeete gehören leider nicht gerade zu den Schnellstartern. Dort dauert manchmal alles etwas länger. Vor allem bei Einsaaten ist Geduld gefragt, manche Pflänzchen zeigen sich erst im zweiten oder dritten Jahr, wenn man fast schon vergessen hat, was man ausgesät hatte. Daher empfiehlt es sich, dort zusätzlich ein wenig üppiger zu pflanzen. Schattenverträgliche Gräser und Farne geben den Flächen dabei zusätzlich Struktur. Und die Frühblüher nicht vergessen! Sie sorgen für bunte Bilder und Insektennahrung, wenn sonst noch alles braun ist. Da die schattenverträglichen Pflanzen »Wald-Kinder« sind und auf die Nährstoffe aus dem Laub angewiesen sind, wird bei Schattenbeeten bei der Pflege auf das Abräumen verzichtet. Stattdessen werden die abgestorbenen Pflanzenteile als Mulch liegen gelassen, wo sie von einer Vielzahl an Kleinstorganismen verwertet werden.

Bei diesen nährstoffreichen (Schatten-)Beeten ist der Unkrautdruck relativ hoch, daher müssen sie anfangs regelmäßig kontrolliert werden.

Bild rechts: Schattenbeete sind oft im Frühjahr – vor dem Austrieb der Gehölze – besonders attraktiv

Profi-Tipp

Ein verwunschenes Schattenbeet gestalten

Man nehme

- ▷ *Sand*
- ▷ *unkrautfreien Kompost*
- ▷ *einige schöne Holzstücke oder Baumstubben*
- ▷ *eventuell ein paar Feldsteine*
- ▷ *Farne, Gräser und blühende Stauden*
- ▷ *reichlich Blumenzwiebeln und Blumenknollen sowie Saatgut*

Und so wird es gemacht

- ▷ *Boden möglichst tiefgründig von Beikraut befreien und mit Sand-Kompost-Gemisch (dieses im Verhältnis 1:1) nach Belieben modellieren.*
- ▷ *Wurzeln und Holzstücke einbauen, diese dabei teilweise etwas eingraben, damit es natürlich aussieht.*
- ▷ *Eventuell mit Steinen oder kleinen Steinhaufen »garnieren«.*
- ▷ *Stauden einpflanzen.*
- ▷ *Zwiebeln und Knollen in Gruppen setzen, zum Beispiel Hohler Lerchensporn* Corydalis cava, *Märzenbecher* Leucojum vernum, *Winterling* Eranthis hyemalis, *Busch-Windröschen* Anemone nemorosa.
- ▷ *Einsäen in Schwaden zum Beispiel mit Wald-Vergissmeinnicht* Myosotis sylvatica, *Einjährigem Silberblatt* Lunaria annua, *Akelei* Aquilegia vulgaris, *Duftveilchen* Viola odorata *oder Sternmiere* Stellaria holostea.

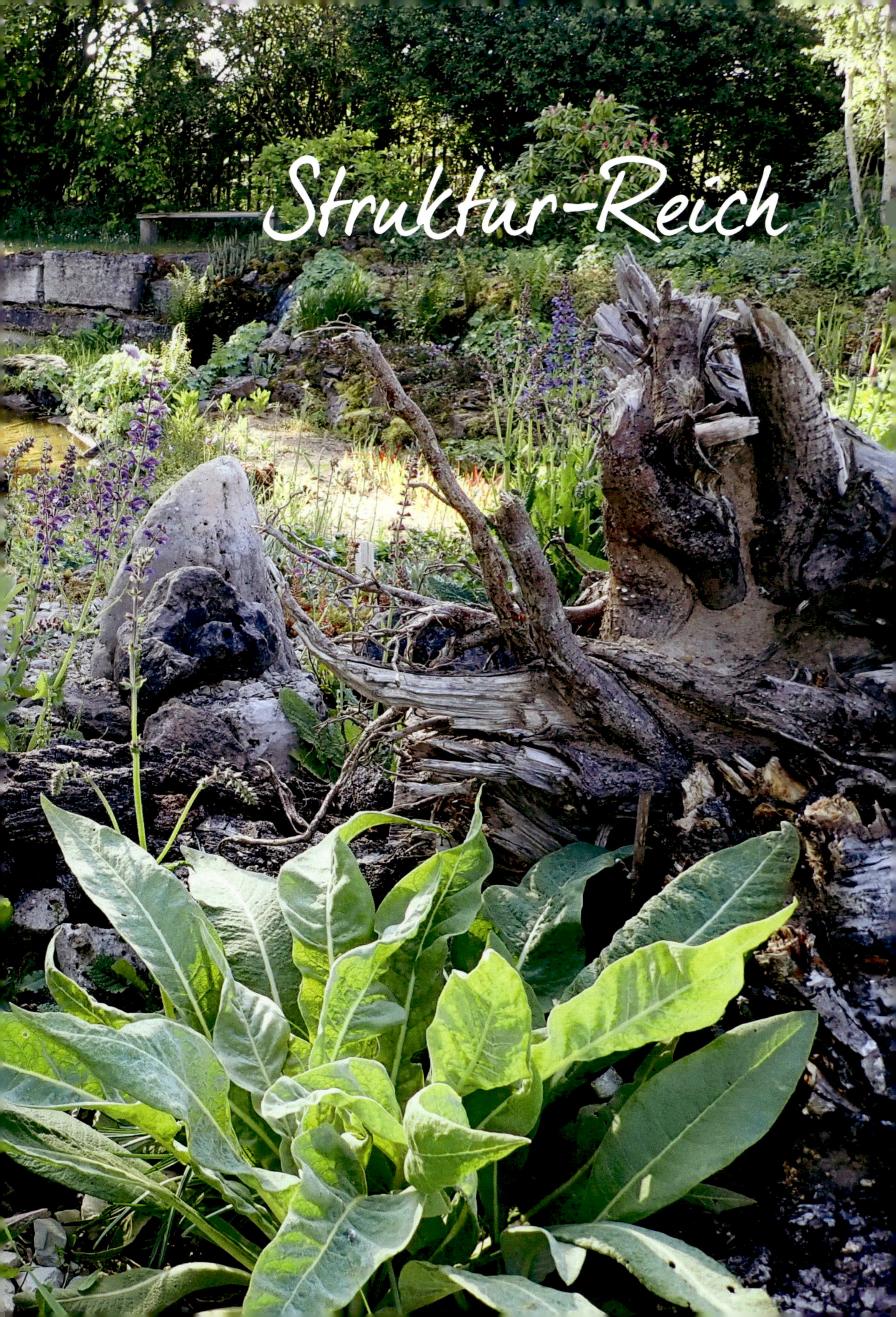
Struktur-Reich

Blauroter Steinsame (Buglossoides purpurocaerulea) thront über dem Teich

Alles inklusive für unsere tierischen Gäste

Neben einer möglichst großen Vielfalt an heimischen Wildpflanzen ist der strukturreiche Aufbau ein entscheidendes Merkmal des naturnahen Gartens. Neben ihrer ästhetischen Funktion zur Bildung von Räumen oder als gestalterische Elemente haben diese Naturmodule auch eine zentrale Funktion für die Schaffung von Lebensräumen für unsere tierischen Gartenmitbewohner.

Jede Tierart hat ihre ganz eigenen Ansprüche. Nistmaterial, geeignete und vor Fressfeinden geschützte Räume zum Nisten, Ruhen, Schlafen und Überwintern, Möglichkeiten zum Trinken und Baden sowie ein ausreichendes Angebot an Nahrung sind die Grundbedürfnisse, die wir durch eine möglichst vielfältige Gestaltung bestmöglich befriedigen können.

Wasser holt den Himmel in den Garten

Von der Insektentränke bis zum Schwimmteich

7. Projekt

Wasser darf in keinem Garten fehlen. Gerade in heißen Sommern schenkt das Lebenselement nicht nur eine angenehme Abkühlung für uns Menschen, auch die Tierwelt braucht dringend eine leicht zugängliche Wasserstelle zum Trinken und Baden. Wohl kaum ein Lebensraum im Garten bringt so viel Artenvielfalt und Leben in den Garten wie ein Bachlauf oder Teich. Dabei kommt es gar nicht so sehr auf die Größe an.

Schon ein kleiner Tümpel kann Treffpunkt für zahlreiche Insekten, Amphibien und weitere Besucher sein. Auch ein Sumpfbeet oder Sumpfgraben, zum Beispiel am Dachrinnen-Auslauf, kann zu einem Zentrum des Lebens im Garten werden, selbst wenn dieser Bereich zwischendurch trockenfällt und nur temporär mit Wasser gefüllt ist. Solche wechselfeuchten »Lichtteiche« bieten Lebensraum für seltene Arten wie Unken oder Laubfrösche.

Um die gefürchteten Fadenalgen zu vermeiden, wählt man den Standort für ein Gewässer am besten halbschattig und vermeidet möglichst konsequent den Eintrag von Nährstoffen (vor allem Laub). Das Pflanzsubstrat im Wasser darf keinesfalls aus Humus oder nährstoffreicher Gartenerde bestehen. Sand mit etwas Lehmanteil eignet sich dagegen sehr gut. Eingeleitetes Dachwasser lässt man über einen mindestens fünf Meter langen Filterbereich mit vielen nährstoffzehrenden Pflanzen laufen, bevor es im Gewässer ankommt. Das Substrat deckt man dort vorsorglich mit Kies und Steinen gegen Wegschwemmen ab. Es macht übrigens nichts, wenn das Ganze im Winter durchfriert.

Für die Bepflanzung über und unter Wasser sowie in den verschiedenen Uferbereichen gibt es eine Vielzahl sehr schöner heimischer Pflanzen. Besonders die Sumpfzone ist für viele Arten attraktiv, räumen Sie ihr also ausreichenden Platz ein.

Unmittelbar nach dem Befüllen eines Feuchtbiotops stellen sich die ersten Besucher ein: Libellenlarven, Schwimmkäfer und Ruderwanzen sorgen schnell für die Beseitigung der gefürchteten Stechmückenlarven. Wer diesen

Prozess unterstützen möchte, »impft« den Teich mit einem oder zwei großen Eimern Wasser und etwas Schlamm aus einem Naturteich der Umgebung.

Flache, gut zugängliche Ufer zum Baden und Trinken bewahren Gartenbewohner wie den Igel vor dem Ertrinken.

Ein abwechslungsreich gestalteter Uferbereich, zum Beispiel mit Totholz und Steinen, bietet Amphibien Rückzugsmöglichkeiten außerhalb des Wassers. Vögel lieben ganz besonders ins Wasser ragende lange Äste, auf denen sie sitzen und zum Wasser gelangen können. Aber Vorsicht: Eichen- oder Walnussäste sind dafür nur bedingt geeignet, sie können das Wasser aufgrund ihres hohen Gerbstoffgehaltes braun färben.

Und: Bitte keinesfalls Goldfische einsetzen, sie würden die Kleinlebewesen auffressen und mit ihren Ausscheidungen den Teich überdüngen. Wer auf Fische nicht verzichten mag, kann ein paar Moderlieschen oder Elritzen einsetzen. Teichmuscheln bitte erst frühestens nach einem Jahr ansiedeln, wenn sich schon eine gewisse Schlammschicht gebildet hat, sie gehen sonst ein.

Meist stellen sich schon im ersten Sommer die ersten Frösche und Molche ganz von selbst ein. Und etwas feuchter Lehm am Ufer dient Schwalben und Mauerbienen als willkommener Baustoff.

Teich im Mai zur Irisblüte

Naturteiche gestalten

Teich ist nicht gleich Teich. Für eine naturnahe Gestaltung dürfen die Ufer nicht zu steil abfallen. Eine Neigung von maximal 30 Grad ist optimal. Bestens bewährt hat sich auch ein stufenförmiges Profil. Bei Platzmangel wird oft mit steileren Ufern gearbeitet. Dann muss das Gefälle mit Steinen befestigt werden, damit die Substratschicht nicht in die Tiefe rutscht. Mindestens eine Seite sollte aber immer flach abfallen, damit Tiere einen sicheren Zugang zum Wasser haben, ohne die Gefahr, unvermittelt ins Wasser zu stürzen. Notfalls legt man einen dicken Ast oder ein Brett als Ausstieg ins Wasser. Das gilt übrigens für alle Behältnisse, auch Regentonnen oder Wannen, die sonst leicht zur Falle für unerfahrene Jungvögel oder Eichhörnchen werden können. Ohnehin ist im Teich am meisten Leben in den flachen Uferzonen zu beobachten, sodass wir nicht darauf verzichten sollten. Dort blühen die schönsten Sumpfpflanzen, sonnen sich die Frösche auf Steinen und schlüpfen die Libellen nach ihrer Larvenzeit im Wasser. Kiesbänke und Totholz bieten begehrte Plätze zum Sitzen und Baden, nicht nur für die Vögel. Stege oder Plattformen bringen uns Menschen ganz dicht ans Wasser und geben uns die Möglichkeit, an heißen Tagen die Füße ins kühle Nass zu strecken.

Bilder links: Teiche potenzieren das Leben im Garten (von oben rechts im Uhrzeigersinn): Paarung der Azurjungfern, Sumpf-Schafgarbe (Achillea ptarmica), balzender Grünfrosch, Bach-Nelkenwurz (Geum rivale)

Wie wird der Teich dicht?

Fertigteiche aus Kunststoff eignen sich für naturnahe Gestaltungen sehr schlecht. Die Ränder sind zu steil und lassen sich nur mit viel Aufwand optisch ansprechend kaschieren. Tonabdichtungen wären zwar am natürlichsten, allerdings erfordern sie gute Fachkenntnisse und einen sehr hohen Maschinen- und Materialeinsatz. Außerdem verlieren sie in Trockenphasen viel Wasser, weil dann die austrocknenden Uferränder Risse bekommen. Da kann der Wasserstand dann schnell mal um 30 Zentimeter und mehr abfallen.

Sehr gut bewährt haben sich Folienteiche. Um späteren Sondermüll und eine Belastung des Bodens mit chemischen Weichmachern zu vermeiden, verwenden wir ausschließlich EPDM-Kautschukfolien. Diese sind gut zu verarbeiten, robust und grundwasserneutral. Zum Schutz der Folie wird diese in ein 5–10 cm starkes Bett aus gewaschenem Sand eingelegt. Wo mit Wurzeldruck zu rechnen ist oder wenn kantige Steine im Boden sind, leistet ein dickes Wurzelvlies aus verrottungsfreiem Polyester unter der Folie gute Dienste. Es verteilt die Lasten gleichmäßig und schützt damit die Folie. Werden größere Steine auf der Folie eingebaut oder soll der Teich betreten werden, kommen an den belasteten Stellen ein weiteres dickes Vlies oder mehrere Lagen Folienreste als Schutzschicht zum Einsatz. Darauf kann man dann auch gut Trittsteine oder Platten im Wasser verlegen. Gutes Teichvlies besteht zu 100 Prozent aus recyclingfähigem Material, zersetzt sich nicht und gibt auch nach vielen Jahren keine Mikroplastikteile ab.

Bei Teichen, die nicht der Versickerung dienen, ist der Einbau einer Kapillarsperre unabdingbar. Dazu wird entweder die Folie senkrecht aufgestellt oder – noch besser – eine Begrenzung aus Steinen oder mittels eines (Recycling-)Teichrandbandes eingebaut. Darüber wird dann die Folie gelegt. Die Kapillarsperre verhindert, dass Wasser durch die Sogwirkung feiner Substrate außerhalb des Teiches (ähnlich wie durch einen Schwamm) ungewollt aus dem Teich in die Umgebung gesogen wird.

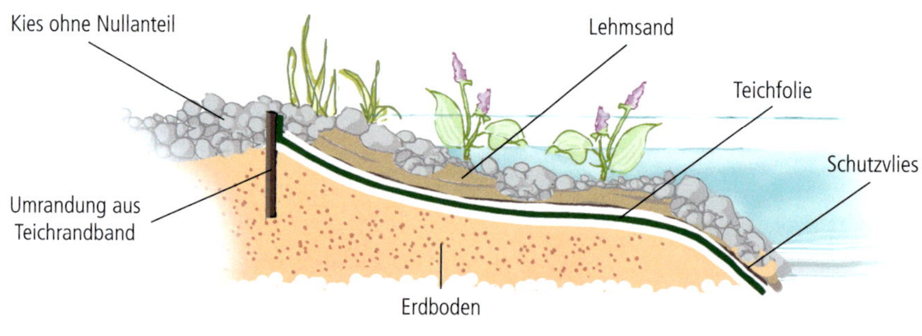

Molchteich mit vielfältigem Umfeld

Kleiner Teich mit Mini-Supfbeet – als Insekten- und Vogeltränke frisch angelegt

Was ist mit Algen?

Algen gehören zur Lebensgemeinschaft im Wasser dazu. So leisten zum Beispiel Armleuchteralgen (Characeen) sehr gute Dienste bei der Wasserreinigung und binden sogar Kalk. Wird unter Teichbesitzern von Algen gesprochen, sind aber oft die lästigen Fadenalgen gemeint. Diese anfangs in jedem neu angelegten Gewässer in langen Schwaden wachsenden Gebilde binden freie Nährstoffe im Wasser und lassen sich leicht mit einem Rechen oder Kescher herausziehen. Sie lassen sich sehr gut kompostieren. Um möglichst wenige neue Nährstoffe einzubringen, die zu ihrem Wachstum beitragen, und um ein vorzeitiges Verlanden des Teiches zu verhindern, werden abgestorbene Pflanzenteile und ins Wasser gefallenes Laub regelmäßig entfernt.

Alle Pflanzen im Teich und am Ufer schneidet man im Herbst (da ist das Wasser noch angenehm warm) oder zeitigen Frühjahr – vor dem Beginn der Laichzeit der Amphibien – zurück. Einige stehen gelassene hohle Stängel können im Winter bei geschlossener Eisdecke den Luftaustausch ermöglichen. Nach spätestens zwei Jahren sollte sich im Teich ein Gleichgewicht eingestellt haben und die Fadenalgen sollten weitgehend verschwunden sein.

Eine Pumpe, die das Wasser bewegt, ist für eine gute Wasserqualität übrigens nicht nötig, viele Modelle sind eher schädlich, da sie Kleinlebewesen töten können. Sollen Pumpen für einen Wasserfall oder Bachlauf zum Einsatz kommen, unbedingt solche mit geeignetem Vorfilter, am besten in eine Kiesbank eingebaut, verwenden.

Sparen Sie nicht an passenden Unterwasser-, Sumpf- und Uferpflanzen, die für eine natürliche Wasserreinigung sorgen, wie Tannenwedel *Hippuris vulgaris,* Ähren-Tausendblatt *Myriophyllum spicatum* oder Laichkräuter *Potamogeton.*

Aber Vorsicht: Die häufig als »Sauerstoffpflanze« angebotene Kanadische Wasserpest *Elodea canadensis* und auch die Wasserschraube *Vallisneria spiralis* sind stark invasiv, überwuchern kleine Gewässer rasch und verdrängen einheimische Arten!

Eine Zisterne oder ein Speicherbecken als Wasserspeicher, um Teiche oder Beete in langen Trockenphasen mit Wasser zu versorgen, wird immer wichtiger. In monatelangen Trockenzeiten sinkt in gut eingewachsenen Teichen schnell der Wasserspiegel – vor allem durch die Verdunstung über die Pflanzen. Zugutekommt das dem Mikrolima des Gartens. Gut, wenn man dann Wasser zum Nachfüllen gebunkert hat.

Tipp

Alles, was an Pflanzenmaterial aus dem Teich kommt, wird noch einen Tag lang locker am schattigen Ufer ausgelegt. So haben eventuell mitabgefischte Lebewesen noch eine Chance, aus eigener Kraft wieder ins Wasser zu gelangen.

Blühende Kuckucks-Lichtnelken (Lychnis flos-cuculi)

Profi-Tipp

Einen Sickerteich oder ein Sumpfbeet mit Sickerzone anlegen

Man nehme

Gerät zum Graben (Minibagger oder Spatenschaufel), Richtschnur, Schubkarre, Sand, gegebenenfalls Wurzelschutzvlies, EPDM-Teichfolie, lehmigen Sand, gegebenenfalls Findlinge und Kies zum Gestalten, Pflanzen

Und so wird es gemacht

Der Sickerteich ist ein Teich, über den das Dachwasser geregelt im Garten versickern kann, ohne dass er vollständig austrocknet. Er wird mit einem Sicherheitsabstand zum Haus angelegt – mindestens 3 Meter, besser mehr.

Der Zulauf aus der Dachrinne kann über Rohre, eine gepflasterte Rinne oder einen mit Findlingen gegen Auswaschen befestigten Graben mit mindestens 3 Prozent Gefälle erfolgen. Die Bepflanzung des Grabens filtert Schwebstoffe aus dem Dachwasser und bremst den Durchfluss.

Um sicherzugehen, dass der angeschlossene Teich nicht zu schnell ganz austrocknet, plant man eine Mindesttiefe von 40–60 cm beim abgedichteten Bereich

Bild links: Ein Schwimmteich mit Regenerationszone ein halbes Jahr nach Fertigstellung

ein. Dazu kommt dann obendrauf noch die Höhe für den Versickerungsbereich von etwa 20 Zentimeter. Außerdem muss beim Aushub der Grube hinsichtlich der Tiefe noch der Substrataufbau mit Lehm und Sand (etwa 30 Zentimeter dick) mit einkalkuliert werden.

Der Bau des Sickerteiches ähnelt dem eines Teiches, nur dass der Sickerbereich nicht mit Folie abgedichtet wird.

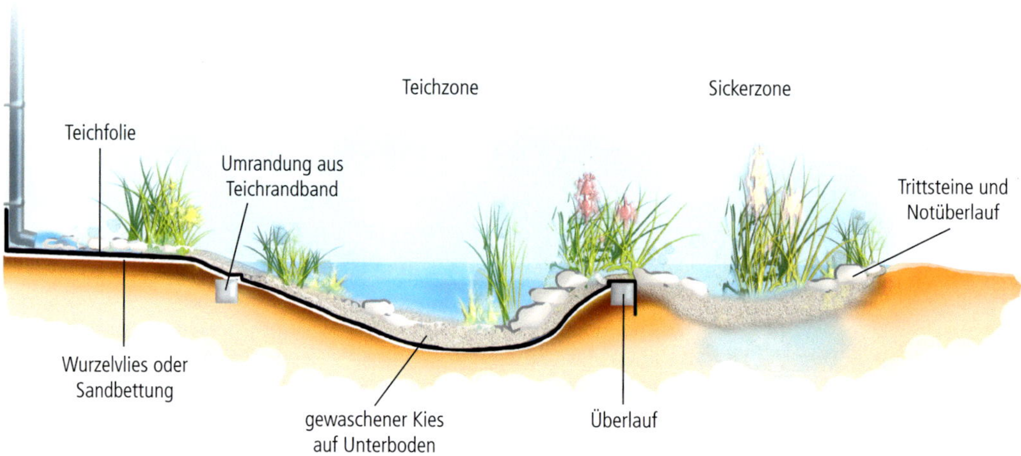

Schnitt durch einen Mini-Teich mit angeschlossenem Sickerbereich an der Dachrinne

Zuerst wird der Umriss, zum Beispiel mit Sand oder Mehl, angezeichnet und die Mulden werden ausgehoben. Dabei schon auf die Nivellierung (das Festlegen des Gefälles und die exakte Lage des geplanten Wasserspiegels) achten. Auch wenn es eine Binsenweisheit ist, nicht vergessen: Wasser steht immer waagerecht. Auch bei Hanglagen zur Nivellierung nicht aufschütten, sondern immer in die Tiefe arbeiten.

In der abgedichteten Teichzone muss man den Wasserspiegel festlegen. Der Einbau einer Randleiste aus Recyclingkunststoff oder eines Einzeilers aus Betonsteinen, die man mit einer langen Wasserwaage oder einer Schlauchwaage ausrichtet, erleichtert das Bestimmen. In diesem Bereich wird mit der Folie auch eine Kapillarsperre eingebaut. Am geplanten Überlauf bleibt man 2–3 cm unter dem Niveau und bestimmt so die Ablaufrichtung des Wassers vom Haus weg.

Dann wird die Teichfolie auf einem Wurzelvlies oder einer Bettung aus gewaschenem Sand eingebaut und das sandig lehmige Substrat eingebracht.

Gepflanzt wird in den lehmigen Sand.

Übersteigt der Wasserspiegel das Niveau der Abdichtung, fließt das Wasser nun in den Sickerbereich. Für extreme Starkregen zusätzlich noch an der dem Gebäude abgewandten Seite einen Notüberlauf einplanen, zum Beispiel auf eine Wiese.

Im abgedichteten Bereich die Pflanzen ansiedeln, die nicht trockenfallen sollen. In der Sickerzone fühlen sich Pflanzen wohl, die sowohl zeitweise trockene als auch zeitweise nasse Standorte (genannt »wechselfeuchte Standorte«) aushalten können, wie Blutweiderich Lythrum salicaria, *Mädesüß* Filipendula ulmaria *oder Wasserdost* Eupatorium cannabinum. *Dort kann auch einfach in den anstehenden Boden gepflanzt werden.*

Es empfiehlt sich, für einen festen Zugang zur Sickerzone zu sorgen (mittels eines Steges oder mit Trittsteinen), da dieser Bereich im feuchten Zustand sehr weich sein wird und beim Betreten matschig würde.

Anstatt eines Teiches kann auch ein Sumpfgraben als Beet angelegt werden:

Dafür wird ein etwa 80 Zentimeter tiefer Graben ausgehoben. Der mit EPDM-Folie abgedichtete Bereich wird dann wieder mit dem Aushub des Grabens gefüllt. Die oben abgenommenen Erdschichten oder Grassoden umgedreht ganz nach unten in die Grube geben. Eine Kapillarsperre ist nicht erforderlich, die Ränder der Folie können einfach miteingegraben werden. Obenauf zusätzlich etwa 5 Zentimeter gut verrotteten sterilen (Laub-)Kompost, vermischt mit etwas lehmigem Sand, geben.

Es soll möglichst kein Wasser dauerhaft oben auf dem Beet stehen bleiben (Stechmücken!). Eine langgezogene Grabenform erleichtert die Pflege, weil das Beet – dem Namen folgend – sehr sumpfig wird. Schön ist es, einen kleinen Steg aus dicken Bohlen oder etwas Ähnliches darüber einzuplanen. Baumstämme machen sich als Strukturelemente besonders gut, sie werden im feuchten Milieu schnell von Moos und Pilzen besiedelt.

Bei dieser Variante ist es wichtig, dass das Wasser aus der Regenrinne ohne Druck im Beet ankommt. Das erreicht man, indem versetzt platzierte Steine und dicht wurzelnde Pflanzen, wie Zwerg-Rohrkolben Typha minima *oder Hänge-Segge* Carex pendula, *den Wasserfluss abbremsen. Bepflanzt wird mit den Arten der Sumpfzonen und Moore. Wichtig: Auch das Sumpfbeet benötigt einen geregelten Überlauf oder Ablauf, wenn es mal stark regnet.*

Lebendige Wege und Plätze

8. Projekt

Können Wege lebendig sein? Häufig bringt man Wege doch eher mit viel Arbeit in Verbindung, um sie »sauber« zu halten. Diese sauberen Wege nutzen wir dann, um möglichst schnell von A nach B zu gelangen. Im Garten wollen wir aber genießen, wir schlendern eher, als dass wir in Eile sind, wir verweilen immer wieder an den Pflanzen, um die Blüten oder ihre Besucher zu bewundern ...

So müssen unsere Gartenwege keine Rennstrecken werden, sondern dürfen ihrerseits Lebensraum sein. Selbst der Stellplatz für unser Auto, die Einfahrt und der Weg zur Haustür können heimischen Tieren und Pflanzen einen Raum bieten und trotzdem ihre Funktion erfüllen. Dabei gestalten wir diese Flächen, wo immer möglich, wasserdurchlässig und vermeiden auf diese Weise Flächenversiegelung. Das immer wertvoller werdende Wasser soll in den Erdboden sickern und nicht in der Kanalisation landen.

Die einfachste Methode der Wegeführung ist ein ins Gras gemähter Weg. Er eignet sich besonders gut, um zum Beispiel eine Blumenwiese erlebbar zu machen, die das Betreten gar nicht gut verträgt. Die Wege leiten unsere Schritte, sodass die umliegenden Pflanzen geschont werden.

Für regelmäßig begangene Wege bedarf es einer Befestigung. Die Breite und die Art der Befestigung richten sich nach unserem Anspruch an Art und Häufigkeit der Nutzung. So muss zum Beispiel der täglich mehrfach begangene Weg zur Haustür anders aussehen als der nur gelegentlich genutzte Pfad in den hintersten Teil des Schattenbeetes. Verschlungene Pfade, deren Ende nicht sichtbar ist, weil sie um die Ecke gehen, bergen ein Geheimnis, machen den Garten spannend und lassen ihn viel größer wirken als gerade »Autobahnen«. Lauschige Plätze am Wegesrand laden zum Verweilen ein und lassen uns den Garten aus verschiedenen Blickwinkeln erleben. Große parkartige Anlagen nutzen dagegen lange Geraden als Sichtachsen in die Ferne.

Die Baustoffe, mit denen wir magere Pflanzflächen anlegen (siehe ab Seite 104), eignen sich – richtig eingebaut – auch für viel begangene Wege. Schotter als Drainage mit einer Deckschicht aus Mineralgemisch kann zum Beispiel einen lebendigen Weg ergeben, der bei Bedarf problemlos mit der voll

Ob groß oder klein – Fugen sind auch ein Lebensraum

beladenen Schubkarre oder mit einem Rollator befahren werden kann. Auch Trittplattenwege lassen sich mit relativ wenig Aufwand realisieren. Etwas mehr Vorbereitung erfordern gepflasterte Wege oder Flächen aus Natursteinen oder Recyclingmaterial. Mit ausreichend großen Fugen ab etwa 5 Millimeter Breite bieten sie immer noch lebendigen Raum für kleine Polsterstauden und bilden mit der Zeit einen fließenden Übergang in die Umgebung. Anstelle von Betonkantensteinen oder betonierten Keilen rahmen wir solche Wege mit verdichtetem Mineralgemisch oder einzeilig mörtelfrei verlegten Natursteinen ein. Die Fugen werden mit niedrig bleibenden, trittfesten Kräutern wie Thymian eingesät. Solche Wege können auch wirkungsvoll unterschiedliche Gartenbereiche – zum Beispiel die Blumenwiese und die Wildstaudenflur – voneinander trennen.

Keine Einfassung benötigen dagegen Blumenschotterrasen, Kieswege und Splittwege, und so wird sich die Natur deren Ränder oder – bei kaum begangenen Flächen – gar den ganzen Weg langsam erobern, was aber durchaus reizvoll ist. Wer das nicht möchte, muss die Wege jäten. In Schattenbereichen wirken Wege aus Holzhäcksel mit Baumstämmen als Einrahmung sehr natürlich. Die Häcksel müssen aber regelmäßig nachgestreut werden.

Profi-Tipp

Einen Blumenschotterrasen auf Wegen und Plätzen anlegen

Sinnvoll ist ein Blumenschotterrasen auf Flächen, die im Sommerhalbjahr wenigstens halbtags besonnt sind.

Man nehme

Gerät zum Graben (Minibagger oder Spatenschaufel), Richtschnur mit Schnureisen, verschiedene Schüttgüter (Mineralgemisch 0/32 oder 0/45 sowie feineres Mineralgemisch 0/16 oder 0/22), Schubkarre, Handstampfer oder leichte Rüttelplatte zum Verdichten, Gartenschlauch zum Befeuchten, Kompost und Saatgut. Dazu Elan und Muskelschmalz.

Und so wird es gemacht

Den Verlauf des Weges mit Sand, Kalk oder Sprühfarbe anzeichnen und auskoffern (ausgraben). Für reine Fußwege genügen 20–30 cm Tiefe.

Die Breite richtet sich nach der Nutzung. (Kleine Trampelpfade können 30–50 cm schmal sein, für eine Schubkarre sind 80 cm ausreichend.) Der Weg sollte immer in der Mitte leicht erhöht sein und ein seitliches Gefälle als Wasserablauf haben.

Mit Mineralgemisch 0/32 oder 0/45 die Tragschicht 20 Zentimeter dick aufbringen und mit (Hand-)Stampfer oder Rüttelplatte verdichten.

Die darüber liegende Deckschicht (etwa 10 Zentimeter dick) besteht aus feinerem Mineralgemisch (0/16 oder 0/22). In diese obere Lage wird mit einer Hacke oder einem Krail eine 1–2 cm dicke Kompostschicht (unkrautfrei) als Saatbett gut eingearbeitet.

Obenauf die Ansaat mit Blumenschotterrasen, Dachbegrünungsmischung oder sehr niedrig wachsenden Einzelarten wie Thymian oder Scharfem Mauerpfeffer ausbringen.

Zum Schluss das Ganze noch mal mit Rüttelplatte oder Handstampfer verdichten und währenddessen mit dem Gartenschlauch sprühend befeuchten.

Alternative: Bei Kies- oder Splittwegen wird auf Kompost und Ansaat verzichtet. Stattdessen werden auf der Deckschicht nochmals 1–3 cm Brechsand, Splitt (ohne Nullanteil) oder feiner Kies (ohne Nullanteil) als Belag aufgebracht. Allerdings wird auch hier (trotz fehlendem Nullanteil) mit der Zeit sicher die eine oder andere Pflanze auftauchen.

Rückgrat mit Charme

Lebendige Trockenmauern

9. Projekt

Trockenmauern bilden in vielen Naturgärten das Rückgrat der Gestaltung. Die aus Naturstein oder auch Recyclingmaterial ohne jeglichen Mörtel aufgesetzten Bauwerke sind äußerst reizvoll und geben dem Garten auch im Winter eine Struktur. Trockenmauern werden schon seit vielen tausend Jahren gebaut und haben teilweise bis heute überdauert. Ob in Weinbergen oder historischen Bauwerken, Trockenmauern haben einen ganz eigenen Charme. Sie passen hervorragend in jeden Naturgarten, zudem bieten sie Lebensraum für Tiere und Pflanzen.

Das kann eine mit Zement verfugte und mit Vlies hinterlegte Mauer nicht. Sie ist tot. In einer Trockenmauer dagegen tobt das Leben. Hänge können mit Trockenmauern terrassiert, Lichtschächte gestaltet und Hochbeete, Einfriedungen oder Sitzkreise gebaut werden. Für frei stehende Trockenmauern gilt dabei eine ähnliche Bauweise wie für Hangmauern, nur dass zwei gegenüber-

Niedrige Trockenmauern aus Jurakalk – einmal als Bruchsteine (links) und einmal als Quader (rechts) verarbeitet

stehende Mauern eine gemeinsame Struktur bilden, man spricht dann von einer doppelhäuptigen Mauer. Trockenmauern können mit einer Pflanzfläche kombiniert oder als reines Gestaltungselement, zum Beispiel als Sitzmauer, gebaut werden. In die Mauern eingebundene Treppen verbinden die unterschiedlichen Ebenen. Dabei sollten die Stufen immer direkt in die Mauer eingebaut (eingebunden) und nicht dazwischen eingesetzt werden.

Als Baumaterial bieten sich Steine an, die regional vorkommen. In Regionen, wo es keine Natursteinvorkommen gibt, können wir Mauern auch aus unbelastetem Recyclingmaterial (sogar Betonresten) aufschichten. Trockenmauern können aus geschlagenen Quadern genauso wie aus gewachsenen Wildsteinen, aus Klinkern, ausgedienten Gehwegplatten, ja sogar Dachpfannen geschichtet werden. Im Norden kennt man den Friesenwall, der aus runden Findlingen gebaut wird.

Um die Mauer zum Leben zu erwecken, bauen wir direkt beim Aufschichten die Fugenpflanzen mit ein. Dabei immer eine Verbindung aus Erde wie einen Docht hinter die Mauer bis zum gewachsenen Boden führen. Dorthin wachsen dann später die Wurzeln unseres Fugenhockers. Die Pflanze soll mit dem Ballen nicht aus der Mauer herausschauen, sonst vertrocknet sie. Lieber fünf Zentimeter nach hinten versetzen, sie findet schnell den Weg ans Licht. Die unbepflanzten Mauerfugen werden nicht verfüllt. Es soll immer Stein auf Stein liegen. Der Fachmann spricht von Verlegung »auf Knirsch«. Wackelnde Steine werden mit dem Meißel bearbeitet (Handschuhe und Schutzbrille tragen) oder von hinten mit Steinen oder Steinsplittern sorgfältig verkeilt. Lange Mauersteine als »Bindersteine« verbinden die sichtbare Mauer mit der Hintermauerung, einer zweiten Mauerschicht hinter den sichtbaren Steinen. Diese gibt der Mauer Stabilität und bietet zahlreiche Hohlräume als Lebensraum. Dafür können wir auch weniger schön anzusehendes Material und Reste verwenden.

Der Bau einer Mauer kann durchaus anspruchsvoll sein, aber an niedrige Einfassungen oder Hangterrassen bis etwa einen Meter Höhe darf sich auch ein ungeübter Laie wagen.

Mauerfuß und Mauerkrone werden bepflanzt oder (auch zusätzlich) mit einer Ansaat aus trockenheitsliebenden Stauden versehen. Wer sich den Bau einer Mauer nicht selbst zutraut, aber selbst etwas bauen möchte, kann stattdessen auch einen Steinhaufen oder eine Pyramide aus Findlingen als Strukturelement aufschichten und bepflanzen. Der Nutzen ist genauso hoch.

Profi-Tipp

Eine niedrige Trockenmauer bauen

Die hier beschriebene Mauer wird einzelhäuptig, also als Stützmauer und nicht frei stehend, gebaut. Sinnvoll ist eine niedrige Trockenmauer beispielsweise zum Abfangen von Höhenunterschieden und Modellierungen, als Hochbeet, als gestalterisches Element, an Lichtschächten oder als Sitzobjekt.

Man nehme

Eine gute Auswahl ansehnlicher, größerer Steine (Sandstein, Kalkstein, Granit ...), möglichst aus der Region, für Mauern ab 50 Zentimeter Höhe und zur Schaffung von Lebensräumen Steine als Hintermauerung (gerne unbedenkliches Recyclingmaterial,

Betonpflaster oder Ähnliches), Mineralgemisch und/oder Schotter als Gründung und zum Hinterfüllen, etwas Splitt, Pflasterhammer, Maurerschnur, Wasserwaage, Schnureisen, eventuell Steinmeißel, ausreichend Pflanzen für Mauerfugen. Dazu ebenfalls viel Elan und viel Muskelschmalz.

Und so wird es gemacht

Fundament ausheben (gut 30 Zentimeter tief und etwas breiter als der eigentliche Mauerfuß). Als unterste Schicht 10 Zentimeter Schotter aufbringen. Fundamentsteine auf einer dünnen Schicht aus Splitt ausrichten. Die erste Lage Steine verschwindet meist in der Erde. Dafür kann man auch gut altes Betonpflaster oder ausgediente Gehwegplatten verwenden. Die gesamte Mauer soll 10–15 Grad gegen den Hang geneigt sein (Lotschnur / Wasserwaage, eventuell ein Schnurgerüst bauen).

Sichtmauerwerk sorgfältig aufschichten, dabei Fugen über Kreuz vermeiden. Etwa ein Viertel der Steine soll als »Bindersteine« mit der Hintermauerung verzahnt sein, also nach hinten rausragen. Wackelnde Steine werden von hinten(!) mit Steinsplittern verkeilt.

Schichtweise das Sichtmauerwerk mit einer mindestens ebenso starken Hintermauerung hinterbauen. Dabei sollen Hohlräume und Ritzen entstehen, die Raum für Tiere bieten können. Bereits beim Bau werden die Fugenpflanzen gesetzt. Auf beschatteten Seiten könnten dies Streifenfarn Asplenium trichomanes, *Mauer-Zimbelkraut (n. h.)* Cymbalaria muralis *oder sogar Wald-Erdbeere* Fragaria vesca *sein. In der Sonne fühlen sich zum Beispiel Rotes Seifenkraut* Saponaria ocymoides *oder die Zwerg-Glockenblume* Campanula cochleariifolia *sowie diverse Sedumarten wohl. Als Hinterfüllung ist Schotter oder Kies (keine Erde) geeignet (vorsichtig lagenweise anstampfen).*

Die Basis der Mauer, die Mauerkrone und die Ecken aus den größten und schönsten Steinen bauen. Schön ist es auch, direkt eine sonnenbeschienene Sitzbank einzubauen, die abends die Wärme des Tages abgibt.

So wird es genutzt

Die Fugen und Hohlräume dienen als frostfreies Überwinterungsquartier und Versteck für eine Vielzahl von Lebewesen, von Wildbienen über Kleinsäuger bis hin zu Reptilien und Amphibien. Besonnter Mauerfuß und Mauerkrone sind hervorragende Trockenstandorte für wärmeliebende Pflanzen der Magerstandorte.

Im Totholz tobt das Leben

Für Vögel, Käfer und viel mehr

10. Projekt

In Deutschland kennt man etwa 8000 dort heimische Käferarten. Rund 1340 von ihnen leben in und von Totholz. Die Hälfte von ihnen ist akut bedroht. Sie zersetzen das Holz und die darin enthaltene Zellulose. Da dieses in Wäldern, Fluren und Gärten meistens aber möglichst schnell weggeräumt wird, sind viele dieser sogenannten xylobionten (griechisch für »im Holz lebend«) Käfer in ihrem Bestand gefährdet.

Doch auch viele weitere Lebewesen sind auf Totholz in all seinen Stadien des Vergehens angewiesen oder profitieren davon. Rund drei Dutzend Wildbienenarten besiedeln gerne sonnig stehendes Totholz oder finden dort Baumaterial. Das gilt auch für die Hornissen, die ihre kunstvollen Nester aus zerkautem Holzbrei bauen.

Eine wahre Vielzahl an Käfern, Spinnen, Schnecken, Würmern und Asseln hilft im Zusammenspiel mit Pilzen und Mikroorganismen bei der Zersetzung des Holzes in sogenannten Mulm. Aus diesem wird fruchtbare Erde. So enthält eine Handvoll Waldboden mehr Lebewesen, als Menschen auf der Erde leben. Die meisten davon sind Pilze oder Bakterien, aber auch viele Insekten und Würmer. Diese kleinen Lebewesen dienen wiederum vielen Gartenbewohnern, wie Vögeln, Kleinsäugern, wie dem Igel, oder Amphibien, die sich gerne im Mulm verstecken und dort auch überwintern, als Nahrung.

Grund genug also, diese Wunderwelt des Lebens in den Garten zu holen. Totholz ist Leben. Je nach Standort, Holzart und der Art und Weise, wie Sie das Totholz gestalten (auf Haufen oder als Wälle geschichtet, stehend, liegend), lockt es ganz unterschiedliche Nutznießer an.

So kann es passieren, dass in einem Totholzwall oben der Zaunkönig seine Nestkugel baut, während an dessen Fuß ein Igel im Schutz des dichten Ästewirrwarrs seine Jungen großzieht. So ein Astwall hat noch einen unschlagbaren Vorteil: nie mehr zum Grüngutcontainer! Jegliches holzige Schnittgut, das im Garten bei der Pflege anfällt, lässt sich dort schnell und sinnvoll einbauen. Wenn das kein Argument ist? Da sich das Material mit der Zeit durch die Verrottung am Boden setzt, kann immer wieder neues Material aufgelegt werden.

Stammstumpen können auch gut senkrecht verbaut werden – wer entdeckt den kleinen Besucher?

Wenn Sie Totholz in den Garten holen, suchen Sie ein Plätzchen aus, wo es viele Jahre lang bleiben darf. Erst die nach und nach einsetzenden verschiedenen Zersetzungsprozesse schaffen die wertvollsten Lebensräume. Fatal wäre es, nach einigen Jahren das Restholz zu verbrennen, weil es »unansehnlich« geworden ist. Dabei würden auch all seine Bewohner umkommen. Übrigens sind bei vielen Lebewesen Laubhölzer deutlich begehrter als harziges Nadelholz. Und wer eine Chance haben möchte, den imposanten Hirschkäfer in seinem Garten zu erleben, muss es mit verrottendem Eichenholz probieren.

Stehendes Totholz und Wurzelskulpturen sind überdies auch sehr dekorativ. Will man Baumstämme stehend einbauen, gräbt man sie zu etwa einem Drittel ein und verkeilt sie mit kantigen Steinen in der ausgehobenen Grube. Bewährt hat sich auch das »Igeln«. Dazu schlagen wir lange Nägel rundum in den Stamm, damit er besser verkeilt wird. Steht der Stamm leicht schräg, ist die Fallrichtung bei einem Abmorschen zur Sicherheit schon vorgegeben. Auch Vögel lieben Totholzstämme als Warten zum Sitzen und Singen.

Als »Stumpery« mit Farnen bepflanzt (siehe Seite 109), bemoost sich das Totholz im Schatten bald malerisch. Auch Pilze stellen sich schnell ein. So werden aus Baumstammabschnitten, Wurzeln und Stubben schon mal ganze, wunderbar verwunschene Landschaften.

Die völlig harmlose Ringelnatter wärmt sich auf Steinen, bevor sie im Teich auf Jagd geht

Aus Astschnitt lassen sich schöne Strukturen bauen

Einen Käferkeller bauen

Profi-Tipp

Viele Käfer sind im Larvenstadium echte »Kellerkinder«, die sich im feuchten, modrigen Mulm entwickeln. Für sie und andere Kleinlebewesen können wir mit wenig Aufwand einen Käferkeller bauen.

Man nehme

- ▷ *Etwa 1 Quadratmeter Grundfläche, am besten unter einer Hecke oder an einem anderen eher feuchten, möglichst halbschattigen Ort (aber ohne stehendes Wasser)*
- ▷ *2–3 Schubkarren voll mit naturbelassenen Holzabschnitten, Aststückchen, Rinde, Hackschnitzeln verschiedener Größe – gerne schon angemodert*
- ▷ *Spaten, Schaufel und Lust auf Buddeln*

Und so wird es gemacht

- ▷ *Grube von 40–80 cm Tiefe ausheben (je nach Kondition und vorhandenem Auffüllmaterial).*
- ▷ *Die Grube mit den Holzresten füllen, die dicksten Stücke zuunterst. Es dürfen (und sollen) dabei gerne auch Hohlräume entstehen.*
- ▷ *Obenauf einen Haufen machen und mit dekorativen Holzstücken oder einer Wurzel nach Belieben garnieren und einrahmen.*
- ▷ *Es kann immer wieder Material obenauf gelegt werden, da sich der Haufen durch die Verrottung mit der Zeit setzt.*

Die große Larve des Nashornkäfers lebt im Mulm sich zersetzender Pflanzen

Wo Drachen und wilde Bienen wohnen

Auf Sand gebaut

11. Projekt

Drei Viertel unserer heimischen Wildbienenarten bauen ihre Niströhren und Brutkammern in offenem (Roh-)Boden. Viele davon tragen die Bezeichnung »Sand« sogar in ihrem Namen, wie die Knautien-Sandbiene oder die häufig zu beobachtende Rotschöpfige Sandbiene. Fälschlicherweise werden ihre Eingänge, die man auch in sandigen Pflasterfugen finden kann, oft für Ameisengänge gehalten.

Durch die Anlage eines Sandbeetes, auch »Sandarium« oder »Arenarium« genannt, können wir also neben geeigneten Futterpflanzen auch recht einfach Nistraum für viele Wildbienenarten bereithalten. Dafür darf der Boden nur nicht zu fett, aber auch nicht zu feinkrümelig sein. Gut geeignet ist sandiger Boden mit einem geringen Lehmanteil. Lässt er sich gut zum Sandkuchenbacken verwenden, ohne dabei zu verschlämmen, stimmt die Konsistenz für die Grabarbeiten der fleißigen Sandbienenmütter. Vielleicht kann man dort dann sogar den Ameisenlöwen entdecken, der in seinem Fangtrichter auf Beute wartet, um sie dann mit Sand zu bewerfen, damit sie zu ihm hinunterrutscht.

Diese Mini-Vulkane sind Eingänge zu den Brutröhren einer Sandbiene

Aber auch andere Wesen benötigen Sand, um sich fortzupflanzen. Eidechsen graben als wechselwarme Reptilien ihre Eier in warmem Sand ein, um sie von der Sonne ausbrüten zu lassen. Daneben wünschen sie sich noch einen sicheren Ruheplatz und eine schöne »Sonnenterrasse« zum Aufwärmen nach einer kühlen Nacht. All diese Wünsche lassen sich mit dem Bau einer »Eidechsenburg« erfüllen. Mit etwas Glück können Sie – sofern es sie in Ihrer Gegend noch gibt – dann bald die urtümlich anmutenden, kleinen Drachen im Garten bei der Jagd nach Insekten und Krabbeltieren beobachten – vorausgesetzt vor Ort sind keine allzu jagdlustigen Hauskatzen unterwegs.

Als Badeplatz für die Gefiederpflege von Singvögeln sind Sandkuhlen ebenfalls sehr beliebt, sie helfen den Tieren, sich von lästigen Milben zu befreien.

Nicht zuletzt wächst in sehr mageren Sandbeeten eine Vielzahl attraktiver heimischer und oft selten gewordener Wildpflanzen. Findet man im Garten

Bilder links: Eidechsen legen ihre Eier in warmem Sand ab.
Diese Frühlings-Pelzbiene hat gerade einen neuen Brutgang angelegt (rechts).

unter der Oberbodenschicht sandigen Unterboden vor, kann dieser direkt für die Anlage von sonnigen Magerbeeten verwendet werden. Alternativ lässt sich im Baustoffhandel problemlos Grubensand ordern. Dabei darauf achten, dass dieser Sand möglichst nicht gewaschen ist, also noch eine Nullkörnung enthält. Gerade die ganz feinen Anteile sind für den Kapillarschluss und das Wachstum der Pflanzen wichtig. Bei der Pflanzung die Wurzelballen der Stauden sehr sorgfältig auflockern und gut angießen. Auch Ansaaten sind in Sand ohne weitere Zusätze gut möglich, wobei hierbei durchaus auch größere Lücken in der Vegetation erwünscht sind. Sandflächen sind, wie alle Magerflächen, sehr blütenreich, vertragen aber keine konkurrenzstarken Arten.

Profi-Tipp

Eine Eidechsenburg bauen

Sinnvoll ist eine Eidechsenburg auf warmen, sonnigen Flächen mit Morgensonne. Die Grube dient als frostfreies Überwinterungsquartier und Versteck, im Sand können die Eidechsen ihre Eier ablegen und von der Sonne ausbrüten lassen. Auf den Steinen können sich die wechselwarmen Reptilien am Morgen aufwärmen, um auf »Betriebstemperatur« zu kommen. Sie benötigen ein strukturreiches Umfeld mit Versteckmöglichkeiten und viele Blühpflanzen mit Insekten, weil sie sich hauptsächlich von Insekten und Spinnen ernähren.

Gerne suchen auch erdbewohnende Wildbienen die offenen Bodenstellen auf, um dort ihre Brutgänge anzulegen.

Man nehme

Schaufel und Spaten, mindestens 2–3 Schubkarren voll größerer Steine (10–40 cm groß), naturbelassene Holzstücke und Äste, 3 Eimer groben Schotter, mindestens 2–3 Schubkarren ungewaschenen Grubensand oder sandigen Unterbodenaushub, Pflanzen für den Sandstandort. Und natürlich: Elan und Muskelschmalz.

Und so wird es gemacht

Ein Loch graben, etwa 1 Meter tief und 80 Zentimeter im Durchmesser. Es darf kein Wasser im Loch stehen bleiben(!). Zuunterst den groben Schotter als Drainage-

Die Ritzen und Höhlen in Steinhaufen sind beliebte Verstecke und Überwinterungshabitate

schicht einbringen. Ein großer Ast oder ein dekorativer Totholzstamm wird ins Loch gestellt und mit groben Steinen und Holzstücken so verkeilt, dass viele Hohlräume entstehen. Ist das Loch gefüllt, noch einen kleinen Steinhaufen obenauf bauen. Darauf achten, dass die tieferen Bereiche zugänglich bleiben. Eventuell noch eine schöne Wurzel obendrauf …

Rundherum etwa 50 Zentimeter hoch mit Sand anböschen und einzelne Blühstauden setzen, zum Beispiel Sand-Grasnelke Armeria maritima, *Tüpfel-Johanniskraut* Hypericum perforatum, *Flachblatt-Mannstreu* Eryngium planum, *Sand-Thymian* Thymus serpyllum, *Schillergras* Koeleria.

An den Nordrand passt gut eine Ginsterart wie Färber-Ginster Genista tinctoria *oder eine Wildrose, zum Beispiel Gebirgsrose* Rosa pendulina. *Es soll aber größtenteils roher Boden zu sehen sein. Gegen eine Zweckentfremdung als »Katzenklo« helfen einige über und um den Sand gelegte dornige Zweige von Weißdorn oder Schlehe. Gegen Zuwachsen hilft gelegentliches Ausjäten.*

Jeder Quadratmeter zählt!

Naturnahes Grün auf kleinstem Raum

12. Projekt

Nein, es braucht keinen tausend Quadratmeter großen Garten, um naturnah zu gestalten. Das geht auch auf kleinem und kleinstem Raum. Selbst Balkone können mit heimischen Wildpflanzen zu wahren Oasen werden, da viele Arten auch in größeren Kübeln gut klarkommen können. Kleine, ungenutzte Flächen werden mit ein paar Wildstauden oder Ansaaten – an Stelle von Pflaster, Steinschüttung oder Rasen – zu bunten Lebensinseln: und sei es nur der schmale Streifen zwischen Gartenzaun und Straße.

Auch Mini-Gärten und kleinste Vorgärten können naturnah werden. Und wo überhaupt kein Raum ist, können wir vielleicht Wände und Dächer begrünen. Gründächer bieten viel Fläche, erfordern aber eine gute Vorbereitung.

Das Bauwerk muss statisch belastbar sein, da die Substrate einiges an Gewicht mit sich bringen. Im Zeichen der Klimakrise ist es sinnvoll, dafür lieber ein paar Zentimeter mehr einzuplanen, damit sich eine artenreiche Vegetation entwickeln und halten kann. Für eine extensive Begrünung mit einer Mischung aus heimischen Sedumarten, die man gut als Sprossen ausbringen kann, sollten es schon 6–12 cm sein. Das häufig angebotene *Sedum spurium* ist dabei absolut nicht empfehlenswert. Diese asiatische Art gehört zu den sehr verdrängungsstarken invasiven Neophyten. Für Wildstauden, Kräuter und Gräser, die sich gut aussäen lassen, rechnet man mit mindestens 12 – 20 cm. So kommen auf einem Quadratmeter schnell mehrere hundert Kilo an Gewicht zusammen.Hierbei ist auf jeden Fall die Expertise eines Statikers oder einer Statikerin gefragt, die im Vorfeld die Eignung des Gebäudes prüfen. Die Ausführung muss gewissenhaft erfolgen, damit es nicht zu Undichtigkeiten kommt.

Richtig gebaut, hält ein Gründach dafür deutlich länger als eine konventionelle Eindeckung, es wirkt temperaturausgleichend, hält Niederschläge zurück, bietet Lebensraum für Insekten und sieht einfach schön aus. Etwa zweimal im Jahr muss dort auf Samenunkräuter (vor allem auf angeflogene Gehölzsamen) kontrolliert und einmal im Jahr gegebenenfalls zurückgeschnitten werden.

Spalierobst benötigt ein Rankgitter am Haus

Efeu als Selbstklimmer verlangt konsequente, regelmäßige Pflege

Gut ausprobieren lässt sich das Prinzip eines Gründaches auf kleineren Bauwerken, wie einem Mülltonnenhäuschen. Dort können wir auch gut mit verschiedenen Substraten und Pflanzen experimentieren und erste Erfahrungen sammeln.

Bauwerke bieten aber noch mehr nutzbaren Raum: Wandbegrünungen kaschieren nicht nur unansehnliche Mauern oder Gabionen, auch Vögel nehmen sie oft sehr gerne als Nistplatz an. Efeublüten bieten zudem wertvolle Insektennahrung im Oktober, wenn sonst nicht mehr viel blüht, und Beeren für die Vögel im Februar. Ist die Maueroberfläche intakt und hat man ein wachsames Auge auf Fassadenöffnungen und Traufen, kann Efeu *Hedera helix* wunderbare Bilder zaubern. Er muss aber konsequent und regelmäßig zweimal jährlich kontrolliert werden, damit sein ungestümer Ausbreitungsdrang nicht zum Problem wird. Wuchsfreudig, aber gut im Zaum zu halten, sind Kletterpflanzen an Spalieren, wie naturnahe Kletterrosen *Rosa*, Gewöhnliche Waldrebe *Clematis vitalba,* Echtes Geißblatt *Lonicera caprifolium* oder auch

Margeritenblüte auf dem Carportdach

die Rotfrüchtige Zaunrübe *Bryonia dioica,* weil sie nicht an den Wänden haften und bei Bedarf leicht zurückgenommen werden können. An Seilen oder Spalieren lassen sich als Schattenspender mit Fruchtzugabe Echte Weinreben *Vitis vinifera,* Bayern-Kiwi *Actinidia arguda* 'Weiki' (n. h.), Spalier-Obstgehölze oder Hopfen *Humulus lupulus* entlangleiten. Sie sind auch als Nistplätze bei verschieden Vogelarten sehr beliebt. Begrünte Pergolen, Geländer, Sichtschutzzäune, Gabionen – es gibt viele Möglichkeiten für mehr Grün in unserer Umgebung. Geht man mit offenem Blick umher, finden sich viele Eckchen, die dadurch schöner und nützlicher gestaltet werden können. Das vertikale Grün bietet Lebensraum für Tiere und schafft ein angenehmes Mikroklima, wirkt als Lärm- und Staubfilter – gerade auch im städtischen Umfeld.

Profi-Tipp

Mülltonnendach begrünen

Man nehme

- *EPDM-Teichfolie, etwa 20 cm länger und breiter, als das Häuschen ist*
- *Holzbretter (Eiche, Akazie, Lärche), mindestens 2 Zentimeter dick, 12–15 cm breit, Anzahl und Länge richtet sich nach den Abmessungen des Häuschens*
- *Säge, Akkuschrauber / Akkubohrer, Schrauben, Schleifpapier zum Versäubern, eventuell ein Winkeleisen für die Ecken*
- *Ziegelsplitt, Lavagranulat oder Bims*
- *sterilen Kompost*
- *Pflanzen und eventuell Saatgut*
- *dazu nach Belieben Steine, Wurzeln*

Und so wird es gemacht

Aus den Holzbrettern einen stabilen Rahmen in Größe des Daches bauen. Noch besser ist ein kleiner Überstand, zumindest an der Seite, wo das Wasser abfließt (dazu zusätzlich ein Bodenbrett einbauen).

Die Folie auflegen und an den Seiten an der Umrandung hochklappen, sodass eine Wanne entsteht (Ecken nur falten, nicht einschneiden). Eine Ecke als Ablauf flach legen, dort eine Lücke in das Brett machen. Legt man den Ablauf 2–3 cm höher als die Sohle der Folienwanne, entsteht ein kleines Wasserreservoir (Anstaubewässerung).

Granulat und Kompost im Verhältnis 2:1 mischen und 10–15 cm hoch auftragen.

Mit Sedum, zum Beispiel Weißer Fetthenne Sedum album, *Scharfem Mauerpfeffer* Sedum acre, *Felsen-Fetthenne* Sedum rupestre, *oder Sempervivum, zum Beispiel Dach-Hauswurz* Sempervivum tectorum *oder Spinnweben-Hauswurz* Sempervivum arachnoideum, *und genügsamen Wildstauden wie Felsennelke* Petrorhagia saxifraga, *Rundblättriger Glockenblume* Campanula rotundifolia *oder Katzenpfötchen* Antennaria dioica *bepflanzen und gegebenenfalls die Zwischenräume einsäen: zum Beispiel mit Thymian, Schnittlauch (der gedeiht dort besonders üppig), Karthäusernelke, Bergminze.*

Einige Steine oder Totholz dienen als Unterschlupf für Krabbeltiere.

Bilder links: Charmantes, begrüntes Mülltonnenhaus (links)

Selbst auf nur 5 Zentimeter Substratstärke kann sich eine anspruchslose Vegetation halten. Bei ausreichend Feuchtigkeit blüht es sogar üppig (rechts).

Leben und
leben lassen

Leben im Naturgarten

Leben im Naturgarten steht einmal für: das Leben der Menschen, die ihn bewohnen, darin entspannen, ihn genießen, die Natur entdecken, spielen, feiern und vieles mehr. Dazu gehört natürlich auch die Zeit, die mit der Pflege und dem Erhalt der Anlage verbracht wird.

Leben im Naturgarten bedeutet aber auch: Heimat für unzählige Lebewesen, manche etwas größer und viele ganz klein. Einige sind jeden Tag präsent, andere nur gelegentlich zu Besuch oder gar gänzlich heimlich im Verborgenen lebend. Sie alle sind Teil des großen Netzwerkes des Lebens in unserem Garten und sollen sich möglichst wohlfühlen.

Der Garten als Wohnzimmer

»... und dann muss man ja noch Zeit haben, um einfach dazusitzen und vor sich hin zu schauen ...«, lässt Astrid Lindgren ihre Pippi Langstrumpf sagen.

Einfach genießen, beobachten und die Seele baumeln lassen, wo könnte man das besser als im Garten?

Dafür braucht es keine teure Lounge aus Kunststoff-Rattan mit dicken Polstern. Eine Hausbank, ein Klappstuhl mit Tischchen, den man immer dorthin stellt, wo es gerade am schönsten blüht, eine Hängematte zwischen Bäumen oder an eingegrabenen Robinienpfosten befestigt – schon können wir direkt in die Natur um uns herum eintauchen. Für gesellige, warme Sommerabende bietet ein Sitzkreis aus Steinquadern oder Baumstämmen mit einer Feuerschale in der Mitte den richtigen Rahmen. Dort lässt es sich auch gut grillen. Oder wir machen es uns direkt auf der Trockenmauer mit einem Sitzkissen gemütlich. Ein Holzdeck am Teich macht den Lebensraum Wasser unmittelbar erlebbar und gibt uns die Möglichkeit, unsere Füße zur Abkühlung an heißen Tagen im Wasser baumeln zu lassen.

Sitzplätze müssen nicht versiegelt sein, eine gemähte Insel in der Wiese, eine wassergebundene Wegedecke, ein fugenoffenes Pflaster, Blumenschotterrasen in sonnigeren Lagen oder ein Belag aus Hackschnitzeln im Schatten reichen als Befestigung in der Regel völlig aus und können zusätzlich von Pflanzen belebt werden.

Bild links: Erlebbarer Lauf der Jahreszeiten – Samenstände der Wilden Möhre im Abendlicht

Eine Feuerstelle lädt zum Verweilen und Grillen ein

Plätscherndes Wasser kann beruhigend wirken

Unsere Möbel und Bauten zum Sitzen sind vorzugsweise aus natürlichen Materialien gefertigt und frei von Giftstoffen. So entsteht kein Sondermüll, haben sie einmal das Ende ihrer Lebensdauer erreicht.

Mehrere kleine, lauschige Sitzplätze, die je nach Lust und Laune Sonne oder Schatten zu jeder Tageszeit bieten, sind besser als eine einzige große Terrasse. So lässt es sich auf der Ostseite in der Morgensonne gut frühstücken, während auf der Westseite die untergehende Sonne vielleicht zu einem letzten kleinen Sonnenbad nach Feierabend einlädt.

Die traditionelle Hausbank an einer von der Sonne aufgewärmten Südmauer lädt auch in der kühleren Jahreszeit zu einem Päuschen ein, während sich die Sommerhitze am besten am Teich oder im Schatten eines Laubbaumes aushalten lässt.

Versteckte Gefahren im Garten

Es werde Licht ... oder lieber nicht?

Für viele Tier- und Pflanzenarten ist die Dunkelheit der bestimmende Faktor für ihren Lebenszyklus. Sie haben sich im Lauf der Zeit an den natürlichen Rhythmus von Tag und Nacht angepasst und ihre »innere Uhr« darauf eingestellt. Die sich im Jahreslauf ändernden Tag- und Nachtlängen beeinflussen darüber hinaus wichtige biologische Abläufe. Dazu zählen die Fortpflanzung der Tiere oder die Vorbereitung auf die Winterruhe.

Die globale Lichtverschmutzung beeinträchtigt mittlerweile sogar das Zugverhalten unserer Vögel. Selbst die vergleichsweise schwachen Lichter im Garten können die Vogelwelt schädigen. Wird der Garten nachts beleuchtet, sind auch die Nist- und Schlafplätze der Vögel erhellt. Dadurch werden die Tiere verwirrt. Amseln fangen zum Beispiel schon in der Nacht an zu singen. Sie finden – wie auch viele Menschen – in der Helligkeit der Leuchten keinen Schlaf, sind nicht ausgeruht, anfälliger für Krankheiten oder brüten zu früh im Jahr, wenn es noch gar keine ausreichende Nahrung für die Jungen gibt.

Fledermäuse werden durch Licht ebenfalls massiv in ihrem Flugverhalten gestört. Noch gravierender sind jedoch die Auswirkungen auf unsere ohnehin schon angeschlagene Insektenwelt. So stellen die Nachtfalter (von denen einige, wie die Widderchen, auch bei Tag aktiv sind) rund 90 Prozent aller Schmetterlingsarten in Deutschland. Sie dienen vielen nachtaktiven Tieren, wie Fledermäusen, Igeln oder Spitzmäusen, als Nahrung. Ihre Raupen werden auch von tagaktiven Gartenbewohnern als Nahrungsquelle geschätzt. Das Fatale: Künstliches Licht zieht Nachtfalter magisch an, sie umschwirren die Leuchten oft bis zur tödlichen Erschöpfung, geraten in Lampengehäuse oder verbrennen an heiß werdenden Leuchtmitteln. Ihr Verschwinden erfolgt, im Gegensatz zu dem ihrer tagaktiven Vettern, weitgehend unbemerkt – ist aber deswegen nicht weniger gravierend.

Was bedeutet das nun für den Garten? Die wenigsten Menschen möchten völlig auf eine Außenbeleuchtung verzichten. Schon alleine aus Gründen der Sicherheit sollen oft einige Bereiche, wie der Weg zur Haustür, zumindest temporär ausgeleuchtet werden.

Licht im Garten

Profi-Tipp

- ▷ *Wählen Sie »warmweiße«, gelbe, orangefarbene und rötliche Lichtfarben bis maximal 2000 Kelvin. Diese sind auch für das menschliche Auge angenehmer und blenden nicht so stark.*
- ▷ *Wählen Sie keine Lichtfarben im UV- und Blau-Bereich über 3000 Kelvin.*
- ▷ *Kaufen Sie bevorzugt LED-Leuchten mit möglichst wenig Leistung, sie sind immer noch hell genug (das spart nebenbei auch Stromkosten und schont das Klima).*
- ▷ *Oder wählen Sie dimmbare Leuchten und stellen Sie diese nur so hell wie unbedingt nötig ein.*

Allgemein gilt

- ▷ *Nur so viel Beleuchtung wie unbedingt nötig – vor allem in der Zeit von April bis Oktober, wenn die meisten Insekten aktiv sind.*
- ▷ *Nur bei Bedarf beleuchten! Begrenzen Sie die Leuchtdauer auf das benötigte Minimum. Das umweltverträglichste Licht ist das, das nicht an ist.*
- ▷ *Zeitschaltuhren oder Bewegungsmelder verwenden. Diese immer so justieren, dass sie nur von den Benutzern ausgelöst werden und nicht von vorbeilaufenden Passanten, Katzen oder Igeln.*
- ▷ *Das Licht sollte immer von oben nach unten leuchten.*
- ▷ *Strahler nie in den Himmel richten.*
- ▷ *Keine Pflanze von unten beleuchten.*
- ▷ *Keine Unterwasserbeleuchtung.*
- ▷ *Lichtkegel auf den zu beleuchtenden Bereich begrenzen.*
- ▷ *Streulicht vermeiden.*
- ▷ *Auf geschlossene Lampengehäuse achten, in die keine Insekten eindringen können.*
- ▷ *Oft genügen auch Reflektoren anstatt einer Leuchte – zum Beispiel als Markierung an der Einfahrt – oder helle Beläge auf den Wegen.*

∗ Wann immer es geht: Licht aus!

∗ Weiterführende Informationen zum Thema »Lichtverschmutzung«: www.paten-der-nacht.de

PATEN DER NACHT
ORGANISATION ZUR EINDÄMMUNG DER LICHTVERSCHMUTZUNG ®

Fledermäuse – hier eine Zwergfledermaus – brauchen Dunkelheit

Das Echte Seitenkraut (Saponaria officinalis) ist eine gute Nachtfalterpflanze

Der Mittlere Weinschwärmer gehört zu den farbenprächtigsten Nachtfaltern

Insekten reagieren ganz besonders sensibel auf die UV-Anteile im Licht, diesen Anteil nutzen sie, um die Blüten ihrer Nahrungspflanzen zu erkennen (deshalb haben Nachtfalterpflanzen oft weiße oder violette Blüten).

Daher entscheidet man sich immer für eine möglichst warme Lichtfarbe (weniger als 2000 Kelvin) im Außenbereich und verzichtet auf rein dekorative Beleuchtungen. Übrigens: Die oft angebotenen, vermeintlich »umweltfreundlichen« kleinen Solarlampen zur Wegemarkierung oder als Deko-Elemente brennen nach sonnigen Tagen automatisch stundenlang, auch wenn gar niemand mehr im Garten sitzt, und irritieren so zum Beispiel Glühwürmchen bei der Partnersuche. Strahlt eine Straßenlaterne stark in Ihren Garten ab, kann es sich lohnen, bei der zuständigen Kommunalverwaltung um eine Abschirmung zu bitten. Es gibt für viele Lampenmodelle geeignete Blenden, die die Lichtstreuung zur Seite etwas steuern können. Fragen Sie danach.

Fallgruben vermeiden

Ungesicherte Kellerabgänge und Lichtschächte erweisen sich oft als Fallen für Igel oder Amphibien, die hinein oder hinunter, aber nicht wieder herauskommen. Eine Ausstiegshilfe in Form eines Brettes oder mit zusätzlichen »Zwischen«-Stufen bei Kellerteppen bietet Abhilfe. Genauso sichern wir offene Regentonnen, Bottiche oder Teiche mit steilen Ufern. Für Lichtschächte gibt es auch feinmaschige Abdeckgitter im Handel.

Tödliches Glas

Bumm! Ein dumpfer Schlag – wieder ist ein Vogel gegen die Fensterscheibe geknallt. Oft mit tödlichem Ausgang. Gerade im naturnahen Umfeld – mit dem wir Vögel einladen – müssen wir darauf achten, Vogelfallen zu vermeiden. Spiegelnde Flächen sind für unsere gefiederten Mitbewohner oft nicht als Hindernisse zu erkennen – vor allem, wenn sich üppiges Grün oder blauer Himmel darin spiegelt.

Das Gleiche gilt für Durchsichten. Deshalb verzichten wir auf »rustikale« Deko-Fenster im Garten ebenso wie auf Spiegel, die zwar den Garten optisch vergrößern, aber wahre Todesfallen sein können.

Einzelne Markierungen mit Vogelsilhouetten sind zur Sicherung nicht ausreichend. Ideal sind Streifenmuster oder Punkte mit maximal 10 Zentimeter

Die geselligen Stare lassen sich leicht mit den passenden Nisthilfen im Garten anlocken

Abstand untereinander, wobei die Farbe Orange am besten wahrgenommen wird. Fadenvorhänge, Jalousien, Wimpelketten und Ähnliches – am besten außen angebracht – sind brauchbare Alternativen. Auch die Fenster von Wintergärten, Gewächshäusern mit Klarglas sowie am Wohnhaus und Gartenschuppen können so gegebenenfalls gesichert werden. Die einfachste, aber etwas unkonventionelle Maßnahme: Fenster nicht allzu akribisch putzen.

Mehr Informationen dazu: www.vogelschutzwarten.de/glasanflug.htm

Ein Heim für Tiere

Nisthilfen – nicht nur für Vögel

Viele Strukturen und Gehölze im Garten bieten Lebensraum für zahlreiche Arten. Amseln, Zaunkönige oder Rotkehlchen brüten in Hecken und Totholzstrukturen, Igel oder Amphibien nutzen deren »Kelleretage« als Quartier zum Schlafen und Überwintern. Aber einige Arten freuen sich auch über zusätzliche Nisthilfen. Vor allem die Höhlen- und Halbhöhlenbrüter unter

Natürliche Baumhöhle und Nisthilfe für Höhlenbrüter

den Vögeln verlieren im Zuge von Sanierungen ihre angestammten Brutmöglichkeiten an Gebäuden in Nischen, unter Dachziegeln oder Ähnlichem. Wo jede Ritze verschlossen ist, finden auch Fledermäuse keinen Schlafplatz mehr, und den Schwalben fehlt es oftmals schlicht an nassen Pfützen, um genügend Baumaterial für ihre Nester zusammenzubringen. In diesen Fällen können künstliche Nisthilfen aus Holz oder Holzbeton angebracht werden. Es gibt passende Modelle für Spatzen, Stare, Meisen, für Rotschwänzchen, Mauersegler oder Schwalben und viele mehr.

Eine feucht gehaltene Lehmkuhle sorgt für Baustoff.

Fledermäuse finden in speziellen Kästen Schlafplätze. Öffnet man ihnen einen Spalt als permanenten Zugang zum ungeheizten Dachboden, können sie dort ebenfalls einziehen.

Bei Neubauten können wir spezielle Mauersteine mit Einflugöffnungen für verschiedene Vögel oder Fledermäuse direkt einbauen. Holzbeton-Nisthilfen sind relativ teuer, dafür praktisch »ewig« haltbar. Aber auch die Modelle aus Holz oder nach entsprechenden Bauplänen selbst gebaute Häuser erfüllen ihren Zweck. Wichtig ist – je nach Art der zukünftigen Bewohner – die Wahl des richtigen Platzes. Verschiedene Naturschutzorganisationen bieten hierzu umfangreiches Infomaterial (siehe Seite 185).

Prinzipiell sollen keine Nesträuber Zugang zu den Nestern finden. Manchmal wirken da schon einige dornige Zweige, von Weißdorn oder Schlehe aus der Hecke, als Abschreckung.

Mauerbienen sind zeitig im Frühjahr an der Nisthilfe zu beobachten

Ein Stahlblauer Grillenjäger mit erbeutetem Grashüpfer für seinen Nachwuchs

Igel wechseln im Sommer gerne zwischen verschiedenen Verstecken hin und her und bringen dort auch ihre Jungen zur Welt. Dafür nehmen sie auch Igelhäuschen, -kuppeln oder -schnecken gerne an. Versteckt unter Totholz oder einer dichten Hecke, werden sie auch als Winterquartier genutzt.

Wildbienennisthilfen

Obwohl nur ein Bruchteil unserer heimischen Wildbienen sie nutzt, erfreuen sich sogenannte »Wildbienenhotels« ungebrochener Beliebtheit. Eigentlich müssten sie Wildbienennisthilfen heißen. Zwar können »nur« rund 30 unserer etwa 560 heimischen Wildbienenarten dort aus nächster Nähe bei der Brutpflege beobachtet werden, aber für Kinder – und nicht nur für diese – kann das ein faszinierendes Naturerlebnis sein (und völlig ungefährlich, da Wildbienen nicht stechen). Sinnvolle Modelle aus Hartholzklötzen oder mit Schilfhalmen und Röhrchen aus Spezialpappe bestückt, können mit etwas Geschick auch selbst gefertigt werden. Einige seriöse Anbieter vertreiben auch sinnvolle Fertiglösungen aus Holz, Bambus oder auch Keramik.

Die meisten der in Baumärkten oder Discountern angebotenen Modelle sind allerdings nicht geeignet und werden in der Regel schlecht oder gar nicht von den Tieren angenommen. Füllungen mit Stroh, Zapfen oder Holzstückchen werden weder von Wildbienen noch von Marienkäfern oder sonstigen Insekten für ihren Nachwuchs genutzt. Auch Lochdurchmesser von über

Ein reich gedeckter Tisch in Form vielfältiger heimischer Blüten ist überlebensnotwendig für Wildbienen: hier Natternkopf mit schlafender Garten-Wollbiene (links oben), Mohn (rechts oben) und Blauschwarze Holzbiene am Echten Seifenkraut

9 Millimeter oder unsauber verarbeitete Modelle mit splittrigen, gerissenen oder stark ausgefaserten Öffnungen werden gemieden.

Natürliche Niststrukturen, die besiedelt werden, sind zum Beispiel Bohrlöcher von Käfern in Totholzstämmen. Die Blauschwarze Holzbiene beißt ihre Brutgänge sogar selbst in angemorschtes Weichholz, zum Beispiel in senkrecht stehende oder angebrachte Stämme von Birke, Pappel oder Weide.

Hartholz kann quer zum Stamm angebohrt und sauber geschliffen werden, damit keine Spieße in die Öffnungen und Gänge ragen. Die Wildbienen nehmen Löcher mit Durchmessern von 2–9 mm an, die Tiefe sollte zwischen 5 Zentimeter (für 2 Millimeter Durchmesser) und 10 Zentimeter betragen, wobei das Ende des Ganges immer geschlossen sein muss, also nicht durchbohren. Solche Bohrungen lassen sich auch gut in stehendes Totholz an sonnigen Stellen integrieren.

Aber das Wichtigste ist: kein Hotel ohne Restaurant! Überlebensnotwendig für die Wildbienen ist ein mögliches vielfältiges Angebot an heimischen Pollen- und Nektarspendern.

Kein Durchgang?

Manche Gärten gleichen heutzutage Hochsicherheitstrakten. Mit Mauern und bodentiefen Stabmattenzäunen sind sie für Igel gar nicht mehr erreichbar. Doch gerade der Igel benötigt größere zusammenhängende Flächen (Igelreviere sind mehrere Hektar groß), um ausreichend Nahrung zu finden. Ein Garten alleine ist ihm daher viel zu wenig. Er muss wandern können. Sehr hilfreich sind dafür Igel-Durchlässe. Ebenerdige Öffnungen (Igel sind schlechte Kletterer) von etwa 15 × 15 Zentimetern ermöglichen auch großen Igeln einen gefahrlosen Durchschlupf. Da Igel ein sehr gutes Orientierungsvermögen haben, merken sie sich genau, wo sie Zugang finden. Tun Sie sich mit Ihren Nachbarn (die meisten Menschen mögen Igel gern) zusammen und schaffen Sie ein Igel-Netzwerk in Ihren Gärten.

Apropos Igel: Vorsicht bei Arbeiten im Spätherbst und Frühjahr. Kontrollieren Sie Laub-, Kompost- oder Reisighaufen, bevor Sie mit spitzen Geräten hantieren. Es könnte ein Igel darin schlafen.

Eine häufige Igelfalle sind Kellerabgänge, da die Tiere eine Treppe leicht hinunter-, aber kaum wieder hinaufklettern können. Ein paar »Zwischenstufen« aus Backsteinen oder Brettern erleichtern dem Igel (und auch Amphibien) das selbstständige Herausklettern.

Igel merken sich Durchgänge und suchen sie immer wieder auf

Pflege - im
Bunde mit
der Natur

Im Frühjahr wird abgeräumt – dann haben auch die Frühblüher ihren großen Auftritt

Pflegen: so wenig wie möglich, so viel wie nötig – und nie alles auf einmal!

Einer der drängendsten Ansprüche an einen Garten scheint heute zu sein, dass er auch »pflegeleicht« sei. Interessanterweise dominiert dabei eine ganz bestimmte Vorstellung vom Begriff »Pflege«: Während Unkrautjäten und der Schnitt von Gehölzen meist als lästige, pflegerische Aufgaben wahrgenommen werden, wird das wöchentliche Mähen des Rasens in vielen Köpfen eher als schicksalsgegebene Pflicht im gärtnerischen Dasein denn als Gartenpflege eingeordnet.

Angehende Naturgärtner und Naturgärtnerinnen glauben dagegen oft: »Die Natur braucht uns Menschen nicht, wir lassen einfach alles wachsen.« Auch das ist nicht zielführend.

Warum pflegen wir?

Letztlich ahmen wir bei der Pflege im Naturgarten die Prozesse nach, die in der freien Natur ablaufen würden, so aber im Garten nicht verlaufen sollen.

Mähen wir zum Beispiel eine Blumenwiese, imitieren wir die Wiesenbewirtschaftung vorindustrieller Landwirtschaft – erst sie hat die Entwicklung der Kulturlandschaft »Blumenwiese« ermöglicht. Das »Ideal« ist hier der Kleinbauer, der täglich eine Grünfutterration für sein Vieh mit der Sense mäht – dies war bis vor dem Zweiten Weltkrieg in weiten Teilen des Landes üblich. Auch schon bevor die Menschen die Landschaft nutzten, hatte die Beweidung durch einstmals umherziehende Herden von Pflanzenfressern, zum Beispiel Auerochsen, Wildpferde oder Büffel, ähnliche Auswirkungen. Diese Tiere sind heutzutage aber im Garten naheliegend eher selten anzutreffen.

Beim Anlegen eines Magerbeetes schaffen wir dagegen Verhältnisse, wie sie zum Beispiel nach einem Felssturz, einer Überflutung oder dem Durchzug einer großen Viehherde entstünden. Solch ein Neuanfang schafft nämlich Platz für die verdrängungsschwachen, aber hochattraktiven Arten der Ruderalfluren und ihre Nachfolger.

Die Pflege im Naturgarten zielt darauf ab, ein dynamisches Gleichgewicht zu schaffen, bei bestmöglicher Schonung der in den Flächen lebenden Tierwelt. Zudem können durch die Pflege erwünschte Zielarten begünstigt werden.

Pflegeleicht, aber nicht pflegefrei

Der naturnahe Garten ist also pflegeleicht, wenn auch keinesfalls pflegefrei. Besonders in der Etablierungsphase von Pflanzungen und Ansaaten in den ersten zwei bis drei Jahren nach einer Neuanlage sollten, ja müssen wir regelmäßig nach unseren Schützlingen sehen und regulierend eingreifen. In gut eingewachsenen Beständen reduziert sich der Arbeitsaufwand auf wenige Eingriffe im Jahresverlauf, je nach Art der Anlage und den äußeren Verhältnissen. Naturgarten-Fachbetriebe begleiten daher ihre Projekte in der Regel auch bei der Entwicklungspflege, erläutern den Nutzern die Pflegekonzepte und machen sie mit den – oft wenig bekannten – Wildpflanzen vertraut. Diese erste Zeit schafft die Voraussetzungen für ein stabiles Gefüge im Garten.

Massenhaft auftretende Unkräuter, die sich in frischen Ansaaten ausbreiten, müssen reguliert werden, bevor sie sich aussamen können. Schröpfschnitte (siehe unten) und Pflegeschnitte müssen zum richtigen Zeitpunkt durchgeführt werden. Auch dann, wenn »es doch gerade so schön blüht«. Gute Saatgutanbieter legen ihren Mischungen ausführliche Pflegehinweise bei.

Sind die Bestände erst einmal einigermaßen geschlossen, beginnt die entspannte Zeit. Unkräuter finden kaum noch Raum und die Arbeit im Naturgarten beschränkt sich im Wesentlichen auf den Rückschnitt verblühter Stauden im Frühjahr, das Beobachten des Pflanzenwachstums, das Freihalten von Wegen und – ganz wichtig – das Genießen des Gartens.

Diese sogenannte Dauerpflege wirkt sanft lenkend und regulierend. Nach den jeweiligen Vorlieben können wir bestimmte Arten fördern, während wir andere etwas in ihre Schranken weisen.

Jäten mit Köpfchen

»Unkraut«, also unerwünschte Beikräuter, gibt es tatsächlich auch im Naturgarten. Meist sind das Pflanzen, die dazu neigen, andere Arten zu verdrängen, sei es durch aggressive Wurzelausläufer oder die massenhafte Verbreitung von Samen. Um vielfältige Bilder zu erhalten und auch den zarteren Pflänzchen eine Chance zu geben, müssen die verdrängenden Arten kontrolliert und entfernt werden. Eine einzige übersehene Pflanze zum Beispiel des Berufkrautes bringt Zigtausende von Samen hervor!

Aber: Bevor gejätet wird, sollte man genau wissen, wer da zu Besuch ist, damit nicht vielleicht erwünschte, vorher mühevoll ausgesäte Arten herausgerupft werden (manchmal ist die Ansaat so lange her, dass man sie schon fast vergessen hat, da tauchen wunderbare Pflänzchen auf – gerade bei Schattenansaaten).

Normalerweise wird spätestens mit dem Ansatz der Blüte deutlich, wen man vor sich hat. Dann muss im Fall eines »Unkrauts« aber auch schnell gehandelt werden. Oft beträgt die Zeitspanne zwischen der ersten Blüte und der Samenreife nur wenige Tage! Einzelne Pflanzen werden mitsamt der Wurzel gejätet. Ein- oder zweijährige »Unkräuter« bekommt man in größeren Beständen auch gut mit einer gezielten Mahd (5–10 cm über dem Boden) vor

Ackerdisteln und Berufkräuter können mit Tausenden von Samen sehr schnell große Flächen besetzen. Deshalb unbedingt rechtzeitig jäten!

der Samenreife in den Griff, dann muss man nicht jedes Pflänzchen einzeln herausziehen. Diese sogenannten Schröpfschnitte im ersten Vegetationsjahr müssen bis zu viermal durchgeführt werden. Am besten mit einer Sense oder einem Balkenmäher, notfalls mit dem ganz hoch eingestellten Rasenmäher. Mittlerweile gibt es auch Heckentrimmer mit schwenkbarem Teleskop-Arm, die sich wunderbar als Balkenmäher-Ersatz eignen. Der jeweilige Zeitpunkt richtet sich nach den äußeren Umständen (Unkrautdruck von außen, Nährstoffgehalt und Art des verwendeten Substrates, Witterung) und vor allem dem individuellen Wachstum der Pflanzen.

Wiesen-Ansaaten werden durch diese Pflege-Mahden im ersten Jahr überhaupt nicht beeinträchtigt. Im Gegenteil: Wer auf den Pflegeschnitt verzichtet, verzichtet in der Regel auf all die Pflanzenarten, die nicht so schnell keimen und wachsen können. Auch bei Saumansaaten kann bei sehr hohem Unkrautdruck und größeren Flächen, wenn Jäten zu aufwendig wäre, ein hoher Schröpfschnitt sinnvoll sein (etwa 10 Zentimeter über dem Boden).

Das Abgemähte wird ausnahmsweise am besten über die Grüngutsammelstelle entsorgt – hartnäckige Kräuter können nach Tagen noch nachreifen.

Bitte nicht alles auf einmal – die Staffelpflege

Jede Pflegemaßnahme ist ein schwerwiegender Eingriff ins Ökosystem. Für die in einer Wiese lebenden Insekten und Kleintiere ist die Mahd immer eine kleine oder größere Katastrophe. Auch bei der schonendsten und achtsamsten Mahd mit der Sense wird es Verluste geben. Das lässt sich nicht vermeiden. Die gute Nachricht: Darauf ist die Natur vorbereitet. Kleinflächige Verluste werden aus den angrenzenden Flächen wieder aufgefüllt und wettgemacht. Wenn wir es zulassen. Daher nicht alle Flächen im Garten zum selben Termin mähen oder zurückschneiden, egal, ob es um Wiesen, Teichvegetation oder Heckenverjüngung geht.

Bewährt hat sich dafür die gestaffelte Pflege:

- Bei Wiesen eine Teilmahd von 30 bis 50 Prozent der Fläche im Abstand von drei bis sechs Wochen. So ist das zuerst gemähte Teilstück schon wieder nachgewachsen, wenn wir das nächste mähen.

Der Garten im Winter: zurückgeschnitten wird erst ab Ende März

- Bei der Teichpflege sollten wir einen Teil des Rückschnitts schon im Oktober erledigen (da ist das Wasser auch noch angenehmer), und zwar alle nicht holzigen Blätter und Pflanzenteile. Diese würden sich sonst im Winter in matschigen Morast verwandeln. Holzige Stängel, zum Beispiel von Blutweiderich oder Wasserdost, dann zeitig im Frühling – möglichst vor der Laichzeit der Amphibien.
- Die verholzenden Stängel der Säume dürfen gerne auch deutlich länger stehen bleiben. Dort kann man abschnittsweise im Frühjahr zurückschneiden und den Rest im Herbst oder sogar erst im darauffolgenden Frühjahr. Wobei geknickte und umgefallene Teile auch zwischendurch entfernt und zum Beispiel in eine Totholzhecke eingebaut werden können.

Bilder links: Wenn Säume schon im Herbst abgeschnitten werden sollen,
kann man die abgeschnittenen Pflanzen zu Garben binden und aufstellen (rechts).

Gestaffelte Mahd (links)

Wasser – mal zu viel, mal zu wenig

Ein wichtiger Aspekt ist die Nutzung und Versickerung des auf dem Grundstück anfallenden Niederschlagswassers – auch bei Starkregen. Dazu tut es not, Einfahrten, Wege und Plätze zu entsiegeln und versickerungsfähig zu gestalten. Dachwasser nicht einfach in die Kanalisation zu leiten, ist das Gebot der Stunde – stattdessen Zisternen befüllen, zum Beispiel zum Gießen im Gemüsegarten.

Begrünte Dächer, Mulden, Gräben und Teiche nehmen das Wasser heftiger Wolkenbrüche auf und geben es zeitverzögert wieder ab. Die so entstehenden Bereiche – die mal feuchtnass (nach Niederschlägen), mal trocken sind – beherbergen eine besonders artenreiche Flora und können attraktiv gestaltet werden. Daran angeschlossene Naturteiche mit ausgeprägten Sumpfzonen bleiben in trockenheißen Sommern – wenn alles andere schon ausgedörrt ist – eine grüne Oase und sorgen für ein angenehmes Mikroklima.

Prinzipiell soll der Boden in den Vegetationsflächen immer bedeckt sein, das beugt Erosion und Austrocknung vor. Im Staudenbeet oder unter

Gehölzen füllen Ansaaten mit geeigneten Wildkräutern und liegen gelassenes Laub die Lücken. Im Gemüsegarten hält eine dicke Mulchschicht die Feuchtigkeit im Boden und setzt zusätzlich während der Kompostierung Nährstoffe frei. »Englischer« Rasen hat im Klimawandel keine Zukunft. Nebenbei sind solche Grasmonokulturen in ihrem ökologischen Nutzen nur wenig besser als die toten Steinschüttungen mancher Vorgärten. Kurz geschorene Rasenflächen benötigen ungeheuer viel Wasser und sehen im Hochsommer dann doch früher oder später jämmerlich aus. Darf das Gras jedoch lang wachsen und blühen, kann man sich auch im September noch über attraktive Bilder (und besonders viele Grashüpfer) freuen.

Die Kunst des richtigen Gießens

Im Naturgarten wird hauptsächlich in den ersten Monaten nach einer Neuanlage gegossen. Das Ziel ist dabei, die Pflanzen dazu zu »erziehen«, ihre Wurzeln möglichst tief in feuchtere Erdschichten zu schieben.

Ansaaten – sind sie einmal gekeimt – dürfen nicht vertrocknen, bei ihnen ist kontinuierliche (im Zweifelsfall tägliche) Bewässerung bis zur Entwicklung der ersten »richtigen« Blätter nach den Keimblättern wichtig. Dann können wir die Gießintervalle nach und nach verlängern.

Neue Pflanzungen werden am Pflanztag erst mal üppig eingegossen – übrigens selbst wenn es regnet, denn das Substrat muss in die Wurzeln eingeschwemmt werden. Im Herbst ist danach normalerweise kein zusätzliches Gießen mehr nötig. Bei Pflanzungen in der warmen Jahreszeit nicht täglich ein bisschen, sondern – je nach Wetterlage – etwa einmal pro Woche durchdringend gießen. Das Wasser soll dabei bis in die tieferen Schichten an den Wurzelspitzen vordringen. Dafür eignet sich gut ein Sprenger, der für eine halbe Stunde spätabends Wasser rieseln lässt und dann an einen anderen Platz gestellt wird. Das ist oft besser als eine Gießkanne oder der Gartenschlauch, der einen schnellen Schwall Wasser bringt, das dann aber oft oberflächlich abfließt. Gegossen wird, wenn die Stauden schon morgens schlapp aussehen, dann sind sie wirklich durstig.

Sind die Pflanzen gut eingewurzelt und etabliert (bei ausdauernden Stauden allerspätestens nach einer Saison, bei Gehölzen nach zwei bis fünf Jahren), ist im Naturgarten normalerweise – abgesehen von extremen Dürreperioden – kein Gießen mehr notwendig.

Der Naturgarten als eine Antwort auf die Klimakatastrophe

Er ist da! Der Klimawandel, nein, die Klimakatastrophe, macht sich mittlerweile deutlich in unseren Gärten bemerkbar. Starkregen und lang anhaltende Trockenperioden bei tropischer Hitze sind mittlerweile eher die Regel als die Ausnahme. Konventionelle Gartenbauer begegnen der anhaltenden sommerlichen Dürre mit dem Einbau ausgeklügelter Bewässerungssysteme. Naturgärtner dürfen sich auf die Fähigkeiten unserer Wildpflanzen verlassen.

Die im Trend liegenden, gerne auch als »Gärten des Grauens« bezeichneten Steinschüttungen ohne Pflanzen heizen sich enorm auf und speichern die Hitze eines Sommertages bis tief in die Nacht hinein. Wasser können sie überhaupt nicht speichern. Es läuft oberflächlich ab und verschwindet auf Nimmerwiedersehen in der Kanalisation. Das Gleiche gilt für Pflasterflächen. Auch kurz geschorene Rasenflächen haben nur eine sehr überschaubare Speicherkapazität.

Bäume, Gehölze, Wiesen und geschlossene Vegetationsdecken wirken dagegen wie ein Schwamm. Sie kühlen Luft und Boden durch Beschattung und kontinuierliche Verdunstung. Dadurch entsteht auch an Tropentagen ein erträgliches Mikroklima. Gut zugängliche Wasserstellen – ob großer Teich oder kleine Vogeltränke – sind an heißen Tagen wichtige Oasen für die Tierwelt, von den Insekten bis zu den Säugetieren. Gefragt ist insbesondere eine sinnvolle Pflanzenauswahl mit trockenheitsverträglichen Pflanzen, die aber auch einen nassen Winter schadlos überstehen. Als Vorbild dient die Natur: Heimische Wildkräuter überdauern Trockenheitsperioden viel besser als Rasenflächen oder hochgezüchtete Stauden.

Manche Pflanzen strecken ihre Wurzeln tief in den Unterboden, der nicht ganz so schnell austrocknet. Andere ziehen bei allzu arger Trockenheit vorübergehend ein, um beim nächsten Regenguss wie Phönix aus der Asche wieder üppig zu sprießen. Die meisten Pflanzen der Gartenmarkt-Standardsortimente sind – einmal vertrocknet – jedoch für immer abgestorben und reif für den Kompost. Viel robuster sind da unsere heimischen Wildblumen der Magerstandorte, die sich zusätzlich durch reichliche Versamung selbst erhalten. Ist die Samenbank im Gartenboden erst einmal gefüllt, wird es auch nach langen Dürresommern immer wieder blühen. Eindrucksvoll können wir das in trockenen Sommern an ungemähten Straßenrändern oder Grünflächen bestaunen, wo Malven, Wegwarten, Wilde Möhren, Natternkopf und Co. prächtig blühen, während die meisten Gräser bereits vertrocknet sind.

In Fachkreisen wird immer wieder über die Verwendung von Pflanzen aus trockeneren Regionen der Welt diskutiert, um mit ihnen hierzulande einen bunten Sommerflor zu erhalten. Im ökologisch ambitionierten Naturgarten beschränken wir uns aber – wenn wir denn solche Arten haben möchten – auf Vertreter aus angrenzenden Florenregionen (vor allem aus Südosteuropa und dem Mittelmeerraum), die möglicherweise noch eine evolutionäre Verbindung mit unserer heimischen Tierwelt haben. Bei Pflanzen aus Amerika, Afrika oder Asien ist dies nicht der Fall.

Gartenblick bei Temperaturen von über 30 Grad:
Naturgärten halten Klimakapriolen deutlich besser stand als konventionelle Anlagen

Das kleine Pflege-Einmaleins – die wichtigsten Arbeiten im Überblick

Unkraut jäten

Unbekannte Pflanzen nicht jäten, sondern erst sicher bestimmen (Bestimmungsbuch, Pflanzen-App) und anschließend entscheiden, ob die Pflanze bleiben darf oder raus muss. Auf jeden Fall gejätet werden invasive, also extrem dominant auftretende Pflanzen, die ihre Nachbarn überwuchern und verdrängen würden, sowie Gehölzsämlinge.

Besonders auf invasive Neophyten achten (siehe Seite 28). Samenunkräuter unbedingt vor der Samenreife jäten. Wurzelunkräuter mit ihren langen Ausläufern keinesfalls hacken, sondern vorsichtig (möglichst nach einem ausgiebigen Regen, der den Boden aufgeweicht hat) komplett herausziehen oder ausgraben. Ist das nicht möglich, konsequent immer wieder alles Grün abschneiden. Das raubt der Pflanze Kraft und sie wird langfristig geschwächt und verschwinden. Das kann aber mehrere Jahre dauern.

- Zeitpunkt: nach Bedarf ganzjährig
- Werkzeuge: Unkrautstecher, Grabegabel, gegebenenfalls Ampferstecher

Gehölze pflegen

Formschnitthecken gehören zu den pflegeintensivsten Elementen im Garten. Wo Schnitthecken aus Platzgründen oder ästhetisch erwünscht sind, kann man natürlich auch mal eine Ausnahme machen. Idealerweise sollten Gehölze ihrer Natur entsprechend aber frei wachsen können. Bereits bei der Pflanzung bedenken wir daher, wie viel Raum eine Pflanze einmal einnehmen wird. Das spart uns Arbeit und den Pflanzen unnötige Verletzungen. Denn der beste Schnitt ist der, den wir nicht machen müssen.

Die allermeisten Wildsträucher lassen sich durch »Auf-den-Stock-Setzen« sehr gut verjüngen. Dafür werden sie alle zehn bis 20 Jahre während der Vegetationsruhe komplett 10 – 30 cm über dem Boden abgeschnitten und treiben wieder neu aus.

Bäume und Sträucher sollen möglichst frei wachsen können, dann reduziert sich auch die Pflege

Dabei möglichst gestaffelt immer nur einzelne Gehölze schneiden und im folgenden Jahr die nächsten. Das Schnittgut kann – je nach Belieben – beispielsweise zu Totholzhaufen geschichtet oder zu dekorativen Totholzstrukturen verbaut werden. Vom 1. März bis 1. Oktober – während der Brutzeit der Vögel – sind solche tiefgreifenden Schnittmaßnahmen verboten. Verantwortungsvolle Gärtner verzichten in dieser Zeit aber auf jegliche Eingriffe, auch auf Formschnitt.

Will man nicht die ganze Pflanze abschneiden, kann auch ein gestaffelter Erhaltungsschnitt erfolgen: Jeweils ein Drittel der ältesten Äste wird zwei Handbreit über dem Boden abgeschnitten, nach zwei bis drei Jahren das nächste Drittel, bis sich die Pflanze komplett erneuert hat.

- Zeitpunkt: November bis Januar an frostfreien, trockenen Tagen, einzelne Äste ganzjährig bei Bedarf
- Werkzeuge: Astschere, gegebenenfalls Säge oder Heckentrimmer (für Formschnitthecken)

Die traditionelle Mahd mit der Sense ist am tierschonendsten

Blumenrasen und Wiesen pflegen

Blumenschotterrasen wird je nach Aufwuchs nur bei Bedarf gemäht und das Mähgut entfernt.

Blumenkräuterrasen werden viermal bis sechsmal zwischen Anfang Juni und Ende Oktober gemäht. Wird dafür ein Rasenmäher verwendet (hoch einstellen, 5 – 10 cm sollen immer stehen bleiben), richtet sich der Zeitpunkt nach dem, »was der Mäher gerade noch schafft«. Soll die Fläche, zum Beispiel für ein Fest, genutzt werden, darf natürlich auch früher gemäht werden. Abgemähtes abräumen. Auch Blumenkräuterrasen sollten möglichst in mehreren Teilabschnitten gemäht werden. Besonders schön blühende Stellen können vielleicht als Inseln bis zum Verblühen stehen bleiben, während graslastige Stellen früher gemäht werden. Oder man lässt zehn bis 30 Prozent der Fläche als Rückzugsorte für die Tierwelt die ganze Vegetationsperiode über stehen.

- Zeitpunkt: nach Bedarf
- Werkzeuge: Spindelmäher, Rasenmäher mit Fangkorb (hoch einstellen), gegebenenfalls Laubrechen, eventuell Heckenschere mit Teleskopstiel als Balkenmäher-Ersatz

Blumenwiesen werden ein bis drei Mal pro Jahr geschnitten, je nach Nährstoffgehalt des Bodens. Ist die Wiese groß genug, mäht man am besten abschnittsweise in einem Abstand von vier bis sechs Wochen zwischen den einzelnen Abschnitten. Als Faustregel gilt: Die erste Mahd erfolgt in der Hochblüte der Margeriten. Bei starkem Wuchs oder wenn die Fläche ausgemagert werden soll, noch mal im Sommer und das letzte Mal im Spätherbst vor dem ersten Schnee. Eine schöne und ökologisch sinnvolle Alternative zur flächigen Staffelmahd sind kleinteilige Mosaik- oder Kreativmahden, die auch optisch eine Bereicherung sind. Auch versetztes Mähen von Wiesenwegen wirkt sich biodiversitätsfördernd aus. Dabei wird der Weg in der Wiese alle paar Wochen verlegt und an neuer Stelle gemäht.

Prinzipiell mäht man immer spätestens, bevor die Wiese »umfällt« oder verfilzt. Dabei sollte man das Abgemähte der Sommerschnitte zwei bis drei Tage auf der Fläche ausgebreitet oder in zusammengerechten, lockeren Schwaden liegen lassen, damit die Wiesenblumen aussamen können. Voraussetzung dafür ist allerdings eine anhaltend trockene Witterung. Danach noch mal gut ausschütteln und das Mahdgut abräumen. Der Nährstoffeintrag und die zusätzlich schattierende Mulchauflage würden sonst das Wachstum der Gräser zu Lasten der blühenden Kräuter fördern. Das Heu kann an Tiere verfüttert werden, man kann es zum Mulchen verwenden oder kompostieren. Ist der Grasanteil sehr hoch, räumen wir sofort ab, um die Grasaussaat zu verringern und Blühkräuter zu fördern. Zum Mähen am besten Sichel oder Sense verwenden. Für kleinere Flächen kann man auch eine Heckenschere verwenden. Bei größeren Flächen leistet ein Balkenmäher oder eine Motorsense (nicht zu tief mähen) gute Dienste. Hierbei immer von innen nach außen mähen, um den Tieren den Fluchtweg nicht abzuschneiden. Günstig ist ein Mahd-Termin nicht zu früh am Morgen an einem warmen, eher sonnigen Tag, wenn die Insekten bereits mobil sind und sich in Sicherheit bringen können. Bei Sensenmahd soll das Gras allerdings noch taufeucht sein.

Erste Wiesenmahd im Jahr:
zur Hochblüte der Margeriten

Staffelmahd kann auch kreativ sein

Eine Ausnahme gilt nur für sehr magere Wiesen mit schütterem Aufwuchs: Sie werden nur einmal im Spätherbst gemäht oder im darauffolgenden Frühjahr ausgeharkt.

Wichtig: Blumenrasen und vegetationsreiche Wiesen sollen kurz in den Winter gehen (nur 5 – 10 cm hoch). Andernfalls fault das durch Wind, Regen und Schnee niedergedrückte abgestorbene Gras im Winter und erstickt den Neuaufwuchs. Auch Insekten und ihre Larven überleben in so einer faulig feuchten, verfilzten Fläche nicht.

Wer mag, kann eine oder mehrere kleine »Überlebensinseln« zu Überwinterung stehen lassen. Sie werden dann bei der Frühjahrspflege nur mit einem Metallrechen scharf ausgeharkt und erst bei der nächsten Sommermahd wieder mitgemäht.

Deutlich besser erfüllt diesen Zweck aber eine direkt an die Wiese angrenzende Saumstruktur aus verholzenden Hochstauden, die den Winter über stabil stehen bleiben. Sie sind ideale Insektenquartiere.

Wildblumensäume und Hochstauden, wie Königskerzen, Wilde Karde oder Malven, bleiben über den Winter stehen und bieten zahlreichen Tieren ein Winterquartier. Falls sie umkippen (oder wenn man ein großes Ordnungsbedürfnis hat), kann man sie zu großen »Trockensträußen« zusammenbinden und wie Garben aufstellen. Sie werden erst beim beginnenden Neuaustrieb im Frühjahr abgeschnitten – entweder einzeln mit Staudensichel oder Gartenschere, größere Flächen vielleicht mit einer Motorheckenschere. Wer es »erträgt«, kann sie aber auch als »Insektenkindergarten« so lange stehen lassen, bis sie umfallen. Stauden und Halbgehölze, zum Beispiel Geißkleearten, können ebenfalls im Frühjahr zurückgeschnitten werden.

Weiche, matschig werdende Pflanzenteile werden jedoch schon nach dem ersten Frost im Herbst entfernt.

- Zeitpunkt: nach Bedarf und Aufwuchs ganzjährig
- Werkzeuge: Sichel, Staudensichel, Sense, Motorsense (am besten mit Metallblatt), eventuell (Motor-)Heckenschere, Heurechen, Eisenrechen, gegebenenfalls Rasenmäher, für (sehr) große Wiesen Balkenmäher

Wässern

Gegossen wird in erster Linie in der Anwachsphase in den ersten zwei bis drei Monaten. Auch dann nicht täglich, dafür nachhaltig – danach in aller Regel gar nicht mehr. Allerdings: Bei sehr lang anhaltender Hitze und Trockenheit benötigen immer häufiger auch bereits etablierte Gehölze (oder auch Gründächer) Wassergaben, um zu überleben. Dann einmal oder zweimal im Monat wirklich durchdringend wässern (30 bis 50 Liter pro Strauch, 80 bis 100 Liter pro Solitärbaum, langsam einsickernd).

Teiche und Sumpfbeete (Ausnahme: Lichtteiche für Spezialisten, wie Unken oder Laubfrösche) sollten als Wasserstellen für die Tiere vor dem kompletten Austrocknen bewahrt werden.

- Zeitpunkt: nur bei anhaltender Trockenheit
- Werkzeuge: Gießkanne, Schlauch oder Rasensprenger
- Geduld beim Gießen, damit das Wasser Zeit hat, einzusickern

Bild links: Solche Säume sind wertvolle Überwinterungsquartiere und Futterspender im Winter und dürfen bis zum Frühjahr stehen bleiben

Laub sollte abgekeschert werden – oder man überspannt den Teich in dieser Zeit mit einem Netz

Teiche und Gewässer pflegen

Bei der Teichpflege ist es tierschonend, einen Teil des Rückschnitts schon im September zu erledigen (da ist das Wasser auch noch angenehmer), den Rest dann im Frühling vor der Laichzeit der Amphibien, also Ende Februar, Anfang März. Am besten legt man entnommenes Material einen Tag lang locker am schattigen Ufer aus, um Tieren die Rückkehr ins Wasser zu ermöglichen.

Eine eventuell nötige Entschlammung eines älteren Teiches sollte im September und – je nach Gewässergröße – möglichst gestaffelt über mindestens zwei Jahre erfolgen.

Teiche in Gehölznähe werden von etwa Mitte Oktober bis Mitte November am besten mit einem sehr engmaschigen, vogelsicheren Netz oder Vlies überspannt und so vor Laubeintrag geschützt. Schattiernetze aus dem Profigärtnerbereich haben sich bei mir dafür gut bewährt.

Fadenalgen und auf dem Wasser Schwimmendes kann ganzjährig mit einem Kescher abgefischt und am Teichrand abgelegt werden. Danach eignen sich Algen prima als Dünger im Gemüsebeet.

- Zeitpunkt: Frühjahr und Herbst (Teilpflege), Abkeschern ganzjährig
- Werkzeuge: Gartenschere, Staudensichel. Bei größeren Teichen eventuell Sense (aber nur bei wirklich schnittsicher eingebauter Folie!!).
- Ein stabiler Kescher mit Metallrand und eine brusthohe Anglerhose leisten gute Dienste.

Bilder rechts: Loses Laub wird von der Wiese unter die Gehölze verfrachtet. Stauden bleiben über den Winter stehen.

Umgang mit Falllaub

Laub wird nur von Wiesen, Kräuterrasen und Magerflächen entfernt und unter Gehölzen oder als Mulch auf nährstoffreichen (Schatten-)Beeten verteilt. Oder es wird zu Haufen geschichtet – und gegebenenfalls mit Astwerk fixiert –, in denen Igel und Co. überwintern können.

Keinen Laubsauger verwenden, kein Laub und keinen Staudenschnitt häckseln oder gar verbrennen! Die darin lebenden Tiere würden mitgeschreddert oder gegrillt werden. Magerflächen können bei Bedarf mit einem auf schwächste Stufe eingestellten Laubbläser vorsichtig abgeblasen werden. Holzige Abschnitte können wir gut in Totholzwälle oder -haufen einbauen, wo sie ein wertvoller Lebensraum sind.

- Zeitpunkt: Herbst nach Bedarf
- Werkzeuge: (Metall-)Laubrechen (Fächerbesen)
- Ein ausgedienter Bigpack als Laubsack hat sich bei mir gut bewährt.

Akzeptanzpflege

Naturnah Gärtnernde sehen sich oft im Konflikt mit dem Ordnungsbedürfnis ihrer Umwelt, zum Beispiel Vermietern oder Nachbarn. Ein guter Kompromiss kann die sogenannte Akzeptanzmahd sein. Dabei wird um Wiesen, Kräuterrasen oder Säume nur ein schmaler Rahmen in für »Normalgärtnernde« gewohnter Manier kurz gemäht. Die naturnahen Elemente liegen als Inseln darin. So kommt nicht der Verdacht auf, man sei zu faul oder habe die Fläche vergessen, sondern es entsteht ein gewolltes Beet. Zudem kann solch ein Wechsel von kurzrasigen zu lange stehenden Flächen durchaus auch biodiversitätsfördernd sein, da viele Lebewesen dazwischen hin- und herpendeln, zum Beispiel bei der Futtersuche.

Naturnah pflegen kompakt

- *Naturnahe Pflege erfolgt nicht nach Stundenplan, sondern nach Bedarf – abhängig vom Wachstum und von der Witterung. Daher sind die Termine recht variabel und manchmal muss spontan reagiert werden.*
- *In der Entwicklungspflege – im ersten und zweiten Jahr – besonders auf Beikräuter achten und bei Bedarf jäten oder Schröpfschnitte vor der Samenreife der Beikräuter durchführen (auch bei zu hohem Grasanteil). Versuchen Sie, die Pflanzen, die Sie jäten wollen, vorher sicher zu bestimmen.*
- *Größere Pflegeeingriffe (Mahd, Gehölzschnitt, Teichpflege) immer in mehreren Etappen gestaffelt mit zeitlichem Abstand voneinander durchführen, um den Tieren nicht den gesamten Lebensraum auf einmal zu entziehen und ihnen einen Wechsel auf benachbarte Flächen zu ermöglichen.*
- *Auf besonnten Flächen das anfallende Mahdgut und Schnittgut immer abführen und bevorzugt in Habitat-Strukturen einbauen oder für den Nutzgarten kompostieren.*
- *Laub in Gartenbereichen, die mehr Nährstoffe brauchen, verwerten.*
- *Möglichst auf das Häckseln verzichten.*
- *Wo immer möglich, auf Motorwerkzeuge verzichten.*
- *Messerbalken sind tierschonender als Kreiselmäher.*
- *Nicht zu tief mähen (mindestens 5–10 cm Höhe).*
- *Niemals Mähroboter oder Mulchmäher verwenden!*
- *Keine Chemie – egal was (auch Gift aus natürlichen Quellen bleibt Gift). Lieber einmal eine Pflanze opfern, als die Giftspritze auszupacken.*
- *Keine Moosvernichter.*
- *Auf Dünger verzichten, er macht die Pflanzen anfälliger für Trockenschäden und Schädlingsbefall (Ausnahme: organische Dünger auf Gemüsebeeten).*
- *Keine torfhaltigen Substrate (Torfabbau zerstört unwiederbringlich wertvolle Ökosysteme).*
- *Nicht zu viel »aufräumen«.*
- *Garten genießen!*

Let it blüh!

Mit diesem Buch habe ich versucht, Neulingen im Naturgarten einen Überblick zu geben, was Naturgarten (für mich) bedeutet und wie in wirklich jedem Garten ein Anfang hin zu mehr Natur gelingen kann.

Alle Informationen beruhen auf meiner eigenen langjährigen, praktischen Erfahrung oder wurden sorgfältig recherchiert.

Dennoch ist jeder Garten, ist jede Fläche und ist auch jeder Mensch anders. Ein und dieselbe Ansaat kann an verschiedenen Orten, bei unterschiedlichem Boden, Wetter ... völlig unterschiedlich ausfallen. Manche Pflanzen mögen trotz bester Pflege einfach nicht wachsen oder suchen sich einen ganz anderen Standort als gedacht.

Die Ansprüche und Bedürfnisse der Gärtnernden sind individuell.

Es gibt keine Garantie, außer:

Wer beginnt, mit der Natur zu gärtnern, geht auf eine Reise, die immer spannend bleibt, wird immer wieder Neues und Unerwartetes erleben. Der Moment, wenn zum Beispiel der erste Bläuling seit vielen Jahrzehnten am im Vorjahr gepflanzten Hornklee im Garten auftaucht oder wenn die erste Libelle ihre Eier im neuen Teich ablegt, ist einfach unbezahlbar.

Denn selbst die kleinste naturnah angelegte Fläche wird das Leben bereichern und dazu beitragen, unserer Natur ein wenig Raum zurückzugeben. Wir alle gemeinsam können etwas bewirken, uns gegen den Artenschwund stellen und mit gutem Beispiel vorangehen.

Also traut Euch, fangt einfach an!
Es wird gut werden, so oder so.

Let it blüh!

Die Autorin

Birgit Helbig, Jahrgang 1966, hat ursprünglich Grafikdesign studiert. Schon als Kind war sie am liebsten mit Hund oder Pferd in der freien Natur unterwegs. Nach langjähriger Tätigkeit in einem Naturschutz-Verband fand sie 2017 ihre Berufung in der Gestaltung naturnaher Gärten und Grünanlagen, seit 2021 als zertifizierter Naturgarten-Fachbetrieb. Dort kann sie ihre Leidenschaft für heimische Wildpflanzen und gestalterische Elemente miteinander verbinden. Nach ihren Planungen entstehen vielfältige Klein-Landschaften, in denen sich Mensch und Natur gleichermaßen wohlfühlen. Für die Bundesgartenschau 2023 in Mannheim plante und baute sie den Schaugarten des Naturgarten e. V.

❊ **Mehr Informationen:** www.natur-garten-helbig.de

Anhang

Zum Weiterlesen – eine Auswahl

- Aufderheide, Ulrike: **Die Rasen-Revolution.** Rasen und Wiesen verstehen, Lebensräume neu entwickeln, pala-verlag
- Aufderheide, Ulrike: **Klimafest und artenreich – das Naturgartenprinzip,** pala-verlag
- Aufderheide, Ulrike: **Schöne Wege im Naturgarten,** pala-verlag
- Aufderheide, Ulrike: **Tiere pflanzen.** Faszinierende Partnerschaften zwischen Pflanzen und Tieren. 18 attraktive Lebensräume im Naturgarten gestalten, pala-verlag
- Graßmann, Farina: **Wunderwelt Moor,** pala-verlag
- Heuberger, Katharina: **Mein wilder Meter.** Balkon und Topfgarten naturnah gestalten, pala-verlag
- Kleinod, Brigitte & Friedhelm Strickler: **Schön wild!** Attraktive Beete mit heimischen Wildstauden im Garten, pala-verlag
- Polak, Paula: **Handbuch Wasser im Garten,** Löwenzahn Verlag
- Polak, Paula: **Regenwasser nutzen – ein Geschenk für meinen Garten,** pala-verlag
- Polak, Paula: **Welche Pflanze passt wohin im Naturgarten?** BLV Buchverlag
- Witt, Reinhard: **Nachhaltige Pflanzungen und Ansaaten,** Verlag Natur & Garten / Reinhard Witt
- Witt, Reinhard: **Natur für jeden Garten,** Verlag Natur & Garten / Reinhard Witt
- Witt, Reinhard: **UnkrautEX.** Naturnahe Pflege leicht gemacht, Verlag Natur & Garten / Reinhard Witt

Pflanzenbestimmungs-Apps – eine Auswahl

- **Naturblick:** https://naturblick.museumfuernaturkunde.berlin
- **Pl@ntNet:** https://identify.plantnet.org/de
- **Flora Incognita,** Technische Universität Ilmenau: https://floraincognita.de
- **ObsIdentify:** https://observation.org
- **iNaturalist:** https://inaturalist.org

Informationen über Naturgärten und biologische Vielfalt

Tausende Gärten – Tausende Arten
Deutsche Gartenbau-Gesellschaft 1822 e. V.
Kleine Präsidentenstraße 1
10178 Berlin
www.tausende-gaerten.de

Verband deutscher Wildsamen- und Wildpflanzenproduzenten e. V.
Perchstetten 1 d
35428 Langgöns
www.natur-im-vww.de

NaturGarten e. V.
Hinter Hoben 149
53129 Bonn
www.naturgarten.org

Bundesamt für Naturschutz
Konstantinstraße 110
53179 Bonn
www.bfn.de

Verein REWISA-Netzwerk
Tulpengasse 8 A
4400 Steyr
Österreich
www.rewisa.at

Bioterra
Zypressenstrasse 76
8004 Zürich
Schweiz
www.bioterra.ch

NaturaDB
Hilfe bei der Pflanzenauswahl
www.naturadb.de

Paten der Nacht
Alles zum Thema Licht im Garten und Lichtverschmutzung
www.paten-der-nacht.de

Bezugsquellen-Auswahl – Wildstaudengärtnereien mit Online-Shops

WildBlumenLiebe
Meißnerblick 1
37235 Hessisch-Lichtenau –
OT Retterode
www.wildblumenliebe.de

Gartenbau Strickler
Weinheimer Landstraße 71
55232 Alzey
www.gaertnerei-strickler.de
• *teils auch Saatgut*

Hof Berg-Garten
Lindenweg 17
79737 Herrischried
www.hof-berggarten.de
• *(auch Saatgut)*

Gärtnerei StaudenSpatz
Kreilhof 7
82386 Oberhausen
www.staudenspatz.de

Staudengärtnerei Gaißmayer
Jungviehweide 3
89257 Illertissen
www.gaissmayer.de/web/gaertnerei/

Die Staudengärtnerei
Alte Iphöfer Straße 27
97348 Rödelsee
www.die-staudengaertnerei.de

Bezugsquellen-Auswahl – Saatgut (auch teils) gebietsheimisch

Templiner Kräutergärten
Storkower Dorfstraße 53
17268 Templin
https://templiner-kraeutergarten.de

Hof Jeebel GmbH & Co. KG
Biogartenversand
Jeebel 17
29410 Salzwedel OT Jeebel
www.biogartenversand.de

Appels Wilde Samen GmbH
Brandschneide 2
64295 Darmstadt
www.appelswilde.de

Rieger-Hofmann GmbH
In den Wildblumen 7–13
74572 Blaufelden-Raboldshausen
www.rieger-hofmann.de

Syringa Kräutergärtnerei
Untere Gräben 1
78247 Hilzingen-Binningen
www.syringa-pflanzen.de

Naturgarten-Shop
David Seifert GmbH
Langenbrucker Straße 4
85309 Pörnbach
www.naturgartenshop.com

Voitsauer Wildblumensamen
Voitsau 8
3623 Kottes-Purk
Österreich
www.wildblumensaatgut.at

Wilde Blumen OG
Puchheimer Straße 9
4844 Regau
Österreich
www.wildeblumen.at

Die Wildstaudengärtnerei AG
Neumühle 2
Waldibrücke
6274 Eschenbach
Schweiz
www.wildstauden.ch

UFA-Samen
In der Euelwies 34
8408 Winterthur
Schweiz
www.ufasamen.ch

Naturnahes Grün für jede Ausgangslage

Ulrike Aufderheide:
Die Rasen-Revolution
ISBN: 978-3-89566-433-5

Brigitte Kleinod, Friedhelm Strickler:
Unser blühendes Dach
ISBN: 978-3-89566-440-3

Ulrike Aufderheide:
Kleiner Garten naturnah
ISBN: 978-3-89566-412-0

Ulrike Aufderheide:
Klimafest und artenreich – das Naturgartenprinzip
ISBN: 978-3-89566-429-8

Für Artenvielfalt und Biodiversität

Sigrid Tinz:
Haufenweise Lebensräume
ISBN: 978-3-89566-389-5

Tobias Bode:
Unser naturnaher Kleingarten
ISBN: 978-3-89566-435-9

Michael Altmoos:
Besonders: Schmetterlinge
ISBN: 978-3-89566-408-3

Brigitte Kleinod, Friedhelm Strickler:
Schön wild!
ISBN: 978-3-89566-367-3

Weitere Bücher aus dem pala-verlag

Paula Polak:
Regenwasser nutzen –
ein Geschenk für meinen Garten
ISBN: 978-3-89566-427-4

Farina Graßmann:
Wunderwelt Moor
ISBN: 978-3-89566-431-1

Uwe Westphal:
Das große Buch der Gartenvögel
ISBN: 978-3-89566-375-8

Andreas Telkemeier:
Permakultur in der Stadt
ISBN: 978-3-89566-434-2

Bibliografische Information der Deutschen Nationalbibliothek
Die Deutsche Nationalbibliothek verzeichnet diese Publikation in der Deutschen Nationalbibliografie; detaillierte bibliografische Angaben sind im Internet unter http://dnb.d-nb.de abrufbar.

ISBN: 978-3-89566-439-7

3. Auflage 2026
pala-verlag als Imprint der ökobuch Verlag GmbH
Königstr. 43, 26180 Rastede

Bildnachweis:
Seite 32: David Monniaux, Wikimedia Commons, gemeinfrei
Seite 34 (rechts): Stefanie Biel
Seite 36: Elke Schwabe
Seite 38: Ninja Winter
Seiten 52 (unten), 53 (Mitte, unten), 54 (oben), 141 (links): Angelika Eckstein
Seiten 57, 96 (Mitte), 151 (oben), 154 (links): Farina Graßmann
Seite 60 (rechts): Ina Weiss
Seite 67 (links): Katrin Kaltofen
Seite 142 (unten links): Karin Brenner
Seite 151 (unten rechts): Michael Altmoos
Seite 153: Burkhard Wagner
Seite 172: Ingrid Völker
Seite 178 (oben links): Waltraud Hofmann
Seite 183: Maira Falconi
alle anderen Fotos: Birgit Helbig

Umschlagfotos vorne: Birgit Helbig; *Umschlagfoto hinten:* Maira Falconi
Illustrationen: Birgit Helbig

Lektorat und Gestaltung: Angelika Eckstein

Druck: Grafisches Centrum Cuno, Calbe

Unsere Bücher werden nach höchsten Ansprüchen an Nachhaltigkeit und Ökologie produziert und wir optimieren ständig weiter:

- Papiere und Pappen sind FSC® oder PEFC™ zertifiziert
- Druckfarben auf Pflanzenölbasis
- Druckplattenbelichtung komplett chemiefrei
- Klebstoffe lösungsmittelfrei
- 100% Öko-Strom bei Druck und Bindung
- Müllvermeidung und Recycling bei der Produktion
- kurze Wege, gedruckt in Deutschland

FSC
www.fsc.org
MIX
Papier | Fördert gute Waldnutzung
FSC® C043106